Jürgen Kurz

Für immer aufgeräumt

Gewidmet allen Vätern und Müttern,
die (noch) zu viele Stunden im Büro verbringen
und nicht sehen, wie ihre Kinder aufwachsen.

Jürgen Kurz

Für immer aufgeräumt

Zwanzig Prozent mehr Effizienz im Büro

Mit einem Vorwort von **Werner Tiki Küstenmacher**

Sonderausgabe für Jokers der im GABAL Verlag unter
ISBN 978-3-89749-735-1 erschienenen Originalausgabe

Lektorat, Herstellung: Rommert Medienbüro, Almut Wiedenmann
Umschlaggestaltung: +Malsy Kommunikation und Gestaltung, Willich
Umschlagfoto: Corbis, Düsseldorf
Fotos Innenteil: Jürgen Kurz, Axel Güttinger, Frank-Michael Rommert
Druck: Westermann Druck Zwickau GmbH, Zwickau

© 2007 GABAL Verlag GmbH, Offenbach
6. Auflage 2011

www.gabal-verlag.de

Inhalt

Abschied vom Chaos

Eine komplizierte Welt sehnt sich nach Vereinfachung. Das wird den meisten Menschen immer wieder klar, wenn sie ihren Arbeitsplatz betrachten.

Ich staune, wie sich an diesem Platz seit Jahrzehnten nicht wirklich etwas geändert hat – trotz revolutionärer Technik, trotz des (zum Teil sogar verwirklichten) Versprechens vom papierlosen Büro, trotz enormer Fortschritte in der Organisations- und Managementforschung. Nach wie vor türmen sich dort verblüffend schnell Berge von Papier, Mappen mit der Aufschrift „Eilt!", gelbe Klebezettel mit Telefonnummern und E-Mail-Adressen, Terminpläne, To-do-Listen, Gimmicks, Werkmuster, allerlei Speichermedien von DVDs bis USB-Sticks, Werbegeschenke, Krimskrams, … Warum?!

Weil der Arbeitsplatz mehr ist als nur ein Arbeitsplatz. Er ist ein Symbol, ungefähr so etwas wie unser nach außen verlagertes Gehirn. Was Sie im Kopf haben müssen, bildet sich auf fast magische Weise auf Ihrem Arbeitstisch ab. Das immer komplizierter werdende Arbeitsleben, der ständig steigende Druck – auf den 1 bis 2 m² vor Ihnen sehen Sie Ihr alltägliches Dilemma in einer Art Collage vor sich.

Die gute Nachricht: Sobald Sie beginnen, dieses symbolträchtige Gesamtkunstwerk vor Ihrer Nase bewusst zu verändern und zu vereinfachen, vereinfacht sich auch Ihr Arbeitsalltag. Diese erstaunliche Erfahrung hat Jürgen Kurz zu einer einfachen Methode gemacht und hundertfach in der Praxis getestet. Überzeugend legt er in diesem Buch dar, wie auch Sie den Sumpf auf Ihrem Arbeitsplatz trockenlegen können. Die einzelnen Schritte sind leicht nachvollziehbar. Stufe für Stufe werden Sie ein chaotisches Umfeld in ein wohl strukturiertes Büro verwandeln.

Jürgen Kurz ist einer der erfahrensten Praktiker auf diesem Gebiet, den ich kenne. Er hat Einzelarbeitsplätze, Abteilungen, ja ganze Unternehmen umgekrempelt und dabei zu seinen Fans gemacht. Seine Ideen sind durch die Filter zahlloser Anwender gegangen, die mit ihm erprobt haben, was geht und was nicht.

Dieses Buch zeigt Ihnen: Das aufgeräumte Büro ist tatsächlich einfacher zu schaffen, als die meisten denken. Damit leistet es einen unendlich wichtigen Beitrag zu mehr Lebensqualität am Arbeitsplatz.

Nehmen Sie also heute Abschied vom Chaos. Und keine Sorge: Sie werden es nicht vermissen.

Werner Tiki Küstenmacher

Finden Sie heraus, wo Sie stehen – Ein Selbsttest

Bevor Sie dieses Buch lesen, können Sie den folgenden Selbsttest machen. Er verschafft Ihnen eine erste Aussage darüber, wie gut Sie Ihr Büro bereits organisieren.

 Bitte kreuzen Sie Ihre Antwort an.

1. Befinden sich unmittelbar an Ihrem Arbeitsplatz nur Dinge, die Sie täglich nutzen?　　□ Ja　□ Nein
2. Befinden sich auf Ihrem Schreibtisch ausschließlich Unterlagen für die *eine* Aufgabe,
   an der Sie gerade arbeiten?　　□ Ja　□ Nein
3. Arbeiten Sie mit nur *einem* Posteingangskörbchen?　　□ Ja　□ Nein
4. Haben Sie durch eine zuverlässige Wiedervorlage sichergestellt, dass termingebundene
   Unterlagen nicht in Stapeln oder Ablageschalen verschwinden, wo sie dann aufwendig gesucht werden müssen?　　□ Ja　□ Nein
5. Stellt Ihr System für die Zwischenablage laufender Projekte sicher, dass Sie jedes benötigte Dokument innerhalb von maximal einer
   Minute finden?　　□ Ja　□ Nein
6. Finden sich Kollegen im Falle Ihrer Abwesenheit in Ihren Arbeitsunterlagen zurecht?　　□ Ja　□ Nein
7. Nutzen Sie Checklisten, die Ihnen die Arbeit
   erleichtern?　　□ Ja　□ Nein
8. Wissen Sie stets, wo Sie Unterlagen ablegen
   müssen?　　□ Ja　□ Nein
9. Haben Sie Spielregeln für die Arbeit im Büro
   schriftlich festgelegt?　　□ Ja　□ Nein
10. Werden in Ihrem Unternehmen die Verwal-
    tungskosten erfasst und in Bezug zur Ge-
    samtleistung der Organisation gesetzt?　　□ Ja　□ Nein

Auswertung

Wie oft haben Sie „Ja" angekreuzt?

10-mal
Sie sind bereits sehr gut organisiert und wissen, auf welche Techniken es ankommt. Mit Ihnen zu arbeiten, ist ein Privileg. Trotzdem vermute ich, dass selbst Sie einige Tipps finden, die Sie noch nicht kennen. Für Sie sind aber vor allem die hinteren Kapitel des Buches interessant, die sich an Fortgeschrittene richten.

7- bis 9-mal
Sie wissen bereits einiges darüber, wie man den Schreibtisch und seine Arbeit im Büro organisiert. Wenn Sie dieses Buch aufmerksam durcharbeiten, werden Sie eine Reihe von Anregungen erhalten, die Sie spürbar voranbringen.

3- bis 6-mal
Bei Ihnen gibt es – wie bei vielen Menschen – verschiedene Themen, mit denen Sie sich eingehender befassen sollten. Sie werden dabei sehen, dass es noch viele Möglichkeiten gibt, die Sie ausschöpfen können. Dieses Buch soll Ihnen dabei helfen, einen deutlichen Zuwachs an Effizienz und Arbeitsfreude zu erleben.

1- bis 2-mal
Wenn Sie sich eingehend mit den Grundlagen der Büroorganisation befassen und mit wachen Sinnen die Ratschläge umsetzen, werden Sie darüber erstaunt sein, welche positiven Veränderungen möglich sind.

Dieser Selbsttest gibt Ihnen einen ersten Hinweis auf die Frage, wo Sie stehen. Durch die jeweiligen Antworten haben Sie zugleich markiert, wo sich Ihre Verbesserungspotenziale befinden: Überall, wo Sie Nein angekreuzt haben, wartet eine Chance auf Sie. Viel Erfolg!

Teil I

Für immer aufgeräumt – die Grundlagen

1. Das Ziel dieses Buches: Erarbeiten Sie nachhaltige Fortschritte

Ständige Verbesserung – im Büro unbekannt

„Keiner hat die Zeit zum Aufräumen – aber jeder hat die Zeit zum Suchen." Das ist die Praxis in vielen Büros der Republik. Während in der Fertigung der Gedanke der ständigen Verbesserung längst Normalität geworden ist, wurden die Büros in vielen Unternehmen hinsichtlich einer Prozessoptimierung lange Zeit verschont. Fehler, die am leichtesten begangen werden, am schwierigsten zu finden sind, die teuersten Auswirkungen haben und am kompliziertesten zu beseitigen sind, werden aber häufig *außerhalb* der Produktion begangen.

Riesige Potenziale in den Büros

Obwohl das so ist, wird meist trotzdem nur in der Fertigung optimiert, aber kaum in der Verwaltung. In den Büros schlummern daher riesige Potenziale, während in den Werkhallen schon große Fortschritte erzielt wurden. So geraten viele Unternehmen durch Verschwendung und Ineffizienz in den Büros unter Druck, auch wenn sie gute Produkte haben. Die Mitarbeiter müssen die immer weiter zunehmende Arbeitslast bewältigen, was oftmals zu Unzufriedenheit, Stress und Überlastung führt.

Es geht ums Überleben

Nun ist es kein Geheimnis, dass in allen Branchen die Globalisierung ihre Spuren hinterlässt. Vermeidung von Verschwendung ist somit keine Option, sondern unabdingbare Voraussetzung, um das Überleben des Unternehmens zu sichern.

Alltag in vielen Unternehmen

Doch wie sieht der Alltag aus? In vielen Unternehmen ergibt sich folgendes Bild:

- Für die Arbeit im Büro gibt es keine Spielregeln. Jeder erledigt seine Aufgaben so, wie er bzw. sie es für richtig hält.
- Die Durchlaufzeiten sind lang.
- Es gibt Umwege und Verstopfungen. Der Effizienzstrom gleicht eher einem Rinnsal.

Das Fraunhofer-Institut für Produktionstechnik und Automatisierung hat diese Zusammenhänge mit Zahlen unterlegt. Es hat eine Studie veröffentlicht, aus der hervorgeht, dass Büromitarbeiter durchschnittlich 32 Prozent ihrer Arbeitszeit verschwenden („Lean Office 2006", S. 5f.). Betrachtet man sich die Verschwendung genauer, entfällt etwa ein Drittel auf Verschwendung am einzelnen Arbeitsplatz etwa durch das Suchen nach dem richtigen Dokument. Die Hälfte der Verschwendung wird durch schlecht abgestimmte Prozesse verursacht, was beispielsweise zu Wartezeiten und zu längeren Liegezeiten von Vorgängen an Engpässen im Prozess führt. Der Rest geht auf das Konto sonstiger unproduktiver Tätigkeiten im Büro.

Etwa ein Drittel Verschwendung

Wer sich diese Zahlen vor Augen führt, dem wird ganz schwindelig: 32 Prozent der Arbeitszeit werden verschwendet! Stellen Sie sich diese Verschwendung mal an einem Stück vor: Das sind etwa 70 Tage pro Jahr, an denen Mitarbeiter in die Firma kommen, den ganzen Tag sinnlose Dinge treiben und abends wieder nach Hause gehen – ohne irgendetwas produktives geleistet zu haben.

70 unproduktive Tage pro Jahr

Noch vor 20 Jahren mochte das nicht so problematisch sein. Früher galt „Groß frisst klein". Heute dagegen gilt „Schnell frisst langsam". Ihr jetziges Tempo ist so lange akzeptabel, bis ein Mitbewerber kommt und schneller oder billiger ist. Fragen Sie sich einmal, was passieren würde, wenn Ihr Mitbewerber die gleiche Leistung 20 Prozent besser, 20 Prozent schneller und 20 Prozent billiger anbieten könnte als Sie. Glauben Sie, die Kunden würden weiter bei Ihnen kaufen, nur weil sie das die letzten Jahre schon getan haben?

Eine Frage der Zeit

Wenn Sie denken, dass dieses Beispiel nicht realistisch ist, dann fragen Sie mal die Menschen, die in der Automobilindustrie arbeiten. Dort wurden schon vor Jahren Zulieferer mit der Forderung konfrontiert, ihre Preise um 30 Prozent zu reduzieren, wenn sie weiter Aufträge erhalten wollten.

Beispiel Automobilindustrie

Sollten Sie noch eine weitere Antwort auf die Frage benötigen, warum das Thema dieses Buches wichtig ist, dann denken Sie an

Wissensexplosion

die Wissensexplosion: Das Wissen verdoppelt sich alle vier Jahre. In vier Jahren werden also aus 30 Mails pro Tag 60 Mails, in vier weiteren Jahren hat sich das wieder verdoppelt und es werden 120 Mails. Insgesamt handelt es sich um eine Vervierfachung. In acht Jahren wird es allerdings keine vier Jahre mehr dauern, bis die nächste Verdopplung eintritt – es wird schneller gehen.

Wachsende Papierstapel Aus zwei Ablageschalen auf Ihrem Schreibtisch werden vielleicht nicht 16, aber wahrscheinlich mindestens acht bis zehn, wenn Sie nichts dagegen unternehmen. Aus zwei Papierstapeln mit unerledigten Projekten werden aber mit Sicherheit viel mehr.

Burn-out-Syndrom Egal welchen Beruf Sie ausüben: Klar ist, dass Sie etwas tun müssen, sonst werden Sie Schiffbruch erleiden oder innerlich zerbrechen. Das ist übrigens ein Phänomen, das in den vergangenen Jahren verstärkt festzustellen war: Mitarbeiter brechen unter der Aufgabenlast zusammen und werden krank (Burn-out-Syndrom).

Die Anforderungen bewältigen Der Ausweg besteht darin, auch im Büro Produktivitätsreserven aufzuspüren und zu nutzen. Wem es gelingt, die Büroeffizienz spürbar zu steigern, der kommt auch mit höheren Anforderungen zurecht.

Je nach Ihren persönlichen Vorerfahrungen rollen Sie vielleicht mit den Augen, wenn Sie das Wort „Aufräumen" auch nur hören oder lesen. Wenn Sie schon einmal Ihren Keller, Speicher oder die Garage in Ordnung gebracht haben, dann bleibt dieser saubere und übersichtliche Zustand nicht lange erhalten. Dies jedenfalls höre ich regelmäßig von den Teilnehmern meiner Seminare und Vorträge. Nur den Wenigsten gelingt, die Ordnung auf Dauer beizubehalten.

Das zentrale Ziel dieses Buches besteht deshalb darin, Ihnen Werkzeuge und Ratschläge an die Hand zu geben, mit deren Hilfe Sie die Ordnung auf Ihrem Schreibtisch und in Ihrem Büro *dauerhaft* erhalten können.

Dauerhafte Ordnung

Wenn Sie sich jetzt fragen, ob dies überhaupt möglich ist, dann sollten Sie wissen: Das Vorgehen stammt aus der Praxis und hat sich bereits bei Hunderten Schreibtischen in unterschiedlichsten Branchen bewährt. Zu meinen Kunden gehören Büros mit fünf Mitarbeitern genauso wie börsennotierte Unternehmen mit 20.000 Mitarbeitern. In diesem Buch habe ich allgemeingültige Ratschläge zusammengefasst, die überall dort von Nutzen sind, wo Verwaltungsaufgaben anfallen – egal, ob es sich dabei um einen Industriebetrieb oder ein Dienstleistungsunternehmen handelt.

Das Vorgehen funktioniert

Durch die in diesem Buch beschriebenen Tipps und Anregungen werden auch Sie in der Lage sein, an Ihrem Arbeitsplatz in kurzer Zeit spürbare Fortschritte zu machen. Mit welchen Effekten können Sie rechnen? Wenn ich meine Kunden nach Abschluss einer Umsetzungsberatung frage, wie sie die Verbesserungen einschätzen, werden durchschnittlich folgende Werte genannt:

Zahlen aus der Praxis

- 10 bis 20 % Effizienzsteigerung
- 20 % Flächenersparnis
- 40 % Reduzierung der Suchzeiten
- 25 % Verringerung der Durchlaufzeiten

Mit diesen Veränderungen gehen einher:

Weitere Effekte

- Deutliche Verbesserung der Mitarbeiterzufriedenheit
- Verringerung der Schnittstellen bei den Prozessen
- Schnellere Reaktion auf Kundenwünsche
- Verbesserung der Wettbewerbsfähigkeit

Funktionierende Vertretungsregelungen

In Zeiten ständig zunehmender Komplexität und Dynamik kommt es darauf an, die Prozesse im Unternehmen schneller, besser und kostengünstiger ablaufen zu lassen. Deshalb müssen sich Mitarbeiter nicht nur an ihrem *eigenen* Schreibtisch, sondern auch *in den Prozessen der Kollegen* auskennen. Gerade in der Verwaltung haben funktionierende Vertretungsregelungen jedoch Seltenheitswert. Aus diesem Grund habe ich bei meiner Arbeit und in diesem Buch nicht nur den einzelnen Arbeitsplatz im Fokus, sondern mehr: die gesamte Abteilung, ja das ganze Unternehmen.

Da die Ratschläge des Buches dazu beitragen, dass die Arbeit schneller, besser und vor allem entspannter abläuft, sind die Mitarbeiter meist auch dafür zu gewinnen, sich auf die Veränderungen einzulassen.

Belohnungen

Neben der eben erwähnten dauerhaften Ordnung bekommen Sie für das Durcharbeiten des Buches weitere Belohnungen:

- Sie werden Spielregeln für Ihren Arbeitsplatz kennenlernen.
- Darüber hinaus werden Sie arbeitsplatzübergreifende Spielregeln vereinbaren. Jeder erledigt seine Arbeit so, dass sie effizienter bewältigt wird und sich die Kollegen im Vertretungsfall besser zurechtfinden.
- Die Durchlaufzeiten sind spürbar kürzer.
- Der Effizienzstrom wird breiter: Das Unternehmen bekommt mit gleicher Mannschaft mehr bewältigt.
- Die Mitarbeiter kümmern sich intensiver um ihre (internen und externen) Kunden.

Erfahrung vor Ort

Übrigens: In Giengen/Brenz (bei Ulm) führe ich mehrmals jährlich ein Seminar zum Thema „Für immer aufgeräumt" durch. Teil des Seminars ist ein Betriebsrundgang bei der Firma tempus. Dort können sich die Seminarteilnehmer vor Ort umschauen und erkennen, welche enormen Potenziale ein Büro bietet, das nach den Gesichtspunkten gestaltet wurde, die in diesem Buch beschrieben wurden. Die aktuellen Termine erfahren Sie unter www.tempus.de. Wenn Sie Fragen oder Anregungen haben, freue ich mich auf Ihr Schreiben (jkurz@tempus.de) oder Ihren Anruf: (0 73 22) 9 50-1 22.

2. Der Kaizen-Ansatz: Ständige Verbesserungen

Basis der praxiserprobten Werkzeuge, Tipps und Maßnahmen dieses Buches ist der Kaizen-Ansatz. Auch wenn er in diesem Buch eher im Hintergrund bleiben soll, lade ich Sie dazu ein, die Kernidee zu verstehen.

Basis der Tipps und Maßnahmen

2.1 Was heißt „Kaizen"?

Der Begriff „Kaizen" stammt aus dem Japanischen. Er setzt sich aus zwei Bestandteilen zusammen: „kai" (=Veränderung) und „zen" (= gut bzw. zum Besseren). „Zen" wird nicht mit „z", sondern mit einem stimmhaften „s" wie in „summen" ausgesprochen.

Veränderung zum Besseren

Kaizen ist ein pragmatischer Prozess ständiger Verbesserungen, der sich in Form vieler kleiner Schritte vollzieht. Die einzelnen Maßnahmen sind vergleichsweise einfach zu realisieren, da sie nicht mit aufwendigen technologischen Umgestaltungen verbunden sind, keine hohen Investitionskosten verursachen und ihr Risiko überschaubar ist.

Viele kleine Schritte

Wenn Sie sich die Bedeutung des Begriffes merken wollen, dann gibt es zwei Eselsbrücken:
1. Denken Sie an „Geizen". Mithilfe von Kaizen können Sie mit allem geizen, was mit Verschwendung zu tun hat.
2. Ich lebe in Schwaben, und dort könnte man das Wort auch so aussprechen: „Koi Sinn". Das heißt, bei Kaizen lassen Sie alles weg, was keinen Sinn hat.

Zwei Eselsbrücken

Bekannt geworden ist dieser ständige Verbesserungsprozess Anfang der 90er-Jahre, als eine weltweite Studie zum Vergleich von Automobilherstellern angefertigt wurde. Zu diesem Zeitpunkt wurden Autos in Japan im Ergebnis von Kaizen-Prozessen

Internationaler Vergleich

20 Prozent schneller, 20 Prozent billiger und 20 Prozent besser hergestellt als irgendwo sonst auf der Welt. Die Übertragung nach Deutschland, aber auch in die USA brachte ähnliche Verbesserungen.

So kam ich zum Thema

Ich war jahrelang kaufmännischer Leiter und Mitglied der Geschäftsleitung der Firma drilbox, eines Schwesterunternehmens von tempus. In dieser Funktion habe ich mich intensiv mit Verbesserungsmöglichkeiten befasst und stieß auf den Kaizen-Ansatz. Anschließend haben wir bei uns begonnen, Kaizen zu verstehen und in der Produktion zu leben. Das Ergebnis waren Verbesserungen, die wir nie für möglich gehalten hatten, zumal wir bereits vor Kaizen ein profitabler Weltmarktführer waren. Kaizen hat uns viele Verbesserungspotenziale erkennen lassen.

Von der Produktion ins Büro

Ich begann dann, die Prinzipien auch auf das Büro zu übertragen, nach dem Motto: „Was für die Produktion gut ist, kann für die Verwaltung nicht schlecht sein." Nachdem sich Erfolge einstellten und herumsprachen, bekam ich Anfragen, Vorträge zu halten und Seminare anzubieten. Später kamen auch Umsetzungsberatungen hinzu, bei denen ich in Unternehmen gerufen werde, was auch sehr spannend ist. Wenn Sie einen Eindruck davon gewinnen möchten, wie so etwas abläuft: Auf der Website www.für-immer-aufgeräumt.de finden Sie einen Filmbeitrag des SWR (6:29 Min.), der Einblicke in meine Arbeit gibt.

Beginnende Verbreitung

Die nachfolgend vorgestellten Instrumente sind nicht neu, sondern entstanden aus der Übertragung von Verbesserungspotenzialen aus der Fertigung in die Bürowelt. Neu ist dagegen, dass der Kaizen-Ansatz auch im administrativen Bereich Einzug hält. Überraschend ist das nicht, denn in Verwaltungen sind erhebliche Potenziale vorhanden, um Abläufe schneller und kundenfreundlicher zu gestalten.

Probleme werden aufgedeckt

Ob in der Produktion oder in der Verwaltung – machen Sie sich darauf gefasst, dass Kaizen Probleme aufdeckt, die Ihnen vorher gar nicht bewusst waren. Wenn es Ihnen beispielsweise gelungen ist, verschiedene Bestände abzubauen, werden neue Herausforderungen ins Blickfeld geraten. Durch Kaizen werden

Probleme transparent, die vorher auch schon vorhanden waren, aber nicht bemerkt wurden.

Das Besondere am Kaizen-Ansatz ist dabei, dass er sowohl für das Unternehmen als auch für die Mitarbeiter Nutzen bringt: Die Mitarbeiter können schneller, besser und vor allem entspannter arbeiten, während das Unternehmen gleichzeitig wettbewerbsfähiger wird.

Doppelter Nutzen

2.2 Steigen Sie die Kaizen-Treppe hinauf

Das Ziel von Büro-Kaizen ist die schrittweise, aber fortlaufende Verbesserung. Diese wird in fünf aufeinander aufbauenden Stufen erreicht.

Fünf Stufen

Die fünf Kapitel im Hauptteil entsprechen diesen fünf Stufen.

Um sich den Effekt der fortlaufenden Verbesserung in fünf Stufen besser vorzustellen, denken Sie sich eine schwere Kugel. Sie ist umso schwerer, je mehr ungelöste Fragen Sie mit Blick auf eine effiziente Organisation der administrativen Prozesse haben. Wenn Sie die Kugel eine schiefe Ebene hinaufbewegen wollen, müssen Sie Energie investieren. Gleiches gilt im Büro. Auf der ersten Stufe müssen Sie Zeit und Kraft investieren, um ordentlich aufzuräumen und aus Ihrem Arbeitsumfeld alles zu entfernen, was Ihre Konzentration beeinträchtigt und Sie von wertschöpfenden Tätigkeiten abhält.

Wie eine Kugel

1. Stufe   Das entspricht den Aufgaben der 1. Stufe.

Wenn Sie Ihre Bemühungen nun an dieser Stelle abbrechen, wäre das fatal: Die Kugel würde zurückrollen. Und nicht nur das: Sie würde sogar noch ein Stück weiter rollen. Auf Ihr Büro übertragen heißt dies: Nach kurzer Zeit herrscht wieder die gleiche Unordnung wie vorher. Außerdem ist die Moral im Keller, weil die Anstrengungen nichts gebracht haben.

2. Stufe   Deswegen geht es bei der 2. Stufe darum, Spielregeln festzulegen. Spielregeln helfen Ihnen dabei, die Ordnung zu behalten. Überall dort, wo Sie Spielregeln installiert haben, müssen Sie nicht wieder aufräumen. Die Spielregeln sind wie ein Keil, der die Kugel davon abhält, wieder nach unten zu rollen.

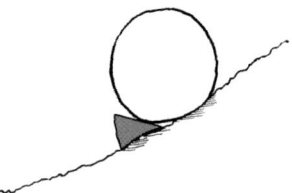

3. Stufe   Nun könnten Sie sich zufriedengeben, schließlich haben Sie einiges geschafft, und das auch noch mit dauerhaftem Erfolg. Doch der Kaizen-Ansatz geht davon aus, dass weitere Verbesserungen möglich sind. Daher besteht die 3. Stufe darin, Prozesse zu optimieren und die Kugel weiter nach oben zu bewegen.

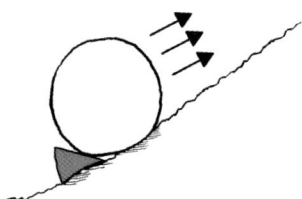

Dies nützt jedoch nur dann etwas, wenn Sie auch die Spielregeln nachziehen.

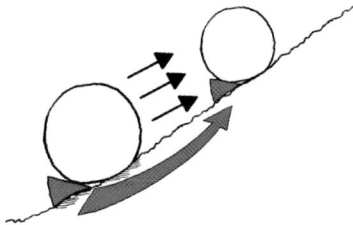

Da sich die Zahl der ungelösten Fragen verringert hat, wird auch die Kugel entsprechend kleiner.

4. Stufe

Sinn der 4. Stufe ist es, die Mitarbeiter stärker in das Nachdenken über Verbesserungsmöglichkeiten einzubeziehen. Im Kaizen-Denken werden die Mitarbeiter als Experten an ihrem Arbeitsplatz verstanden. Daher geht es nun darum, das eigenverantwortliche Denken und Handeln der Mitarbeiter zu fördern. Gemeinsam soll die Kugel nun noch weiter nach oben bewegt werden.

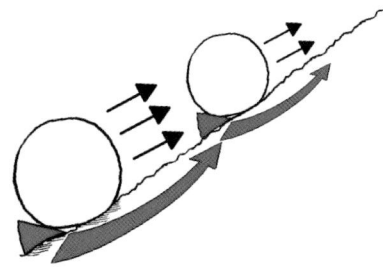

5. Stufe

Aufgabe der 5. Stufe ist es, den Verbesserungsbemühungen durch Zielsetzungen eine Richtung zu geben. Diese Ziele haben dabei einen Bezug zur strategischen Ausrichtung des Unternehmens. Der Einsatz von Kennzahlen in der Verwaltung hilft dabei, das Erreichen der Ziele zu messen.

3. Zum Umgang mit diesem Buch: So holen Sie am meisten heraus

Wie bei einer Speisekarte
Mit diesem Buch werde ich Ihnen kein System „überstülpen", das immer funktionieren soll. Stattdessen stehen unterschiedlichste Ideen zur Auswahl – ähnlich wie bei einer Speisekarte. Hieraus können Sie sich das auswählen, was Ihnen „schmeckt".

Die Bitte ist: Testen Sie die Ratschläge. Manches müssen Sie einfach mal einige Zeit tun, um zu sehen, ob es Ihnen hilft oder nicht. Was für Sie nicht passt, ersetzen Sie einfach durch andere Instrumente. Sie müssen aber nicht alles sklavisch abarbeiten.

Nicht überreden
Ich möchte Sie auch nicht dazu überreden, mit einem bestimmten Aktensystem zu arbeiten. Wenn Sie mit Ordnern gute Erfahrungen gemacht haben, verfahren Sie am besten weiter so, anstatt alles beispielsweise auf Hängemappen umzustellen. Konzentrieren Sie sich lieber auf die Aspekte, die nicht so gut laufen.

Einzelarbeitsplatz und Prozessketten
Sie können das Buch nutzen, um Ihren eigenen Arbeitsplatz zu verbessern. Sie können die Ratschläge aber auch dazu verwenden, die Arbeit ganzer Abteilungen zu optimieren. Die volle Kraft entfaltet sich erst, wenn ganze Prozessketten in den Blick genommen werden.

Feedback erwünscht
Alle Ratschläge in diesem Buch sind im Alltag erprobt. Sollten Sie dennoch an einer Stelle Schwierigkeiten haben oder auf eine bessere Idee gekommen sein, dann schreiben Sie mir eine E-Mail an jkurz@tempus.de. Nach Absprache mit Ihnen wird Ihr Tipp zusammen mit Ihrem Namen auf unserer Homepage sowie in unserem kostenlosen Newsletter veröffentlicht – ganz im Sinne des Kaizen, dass alles immer noch besser gemacht werden kann.

Teil II

Für immer aufgeräumt –
So funktioniert es in der Praxis

Gebraucht der Zeit,
sie geht so schnell
von hinnen,

Doch Ordnung lehrt
Euch Zeit gewinnen.

Johann Wolfgang von Goethe,
Faust, Der Tragödie erster Teil

1. Die ERSTE Stufe: Schaffen Sie Ordnung und Sauberkeit

Ein kluger Mensch hat einmal gesagt: „Bei der nächsten Sintflut wird Gott nicht Wasser, sondern Papier verwenden." Schaut man in manche Büros, gewinnt man den Eindruck, die Sintflut sei schon da.

Sintflut mit Papier

Doch wie soll man in einem chaotischen Büro Höchstleistungen bringen? In einer Zeit internationalen Wettbewerbsdrucks ist es um jede Minute schade, die mit Suchen vergeudet wird.

Schade um jede verlorene Minute

Im Laufe meines Berufslebens habe ich zahlreiche Männer und Frauen dabei begleitet, mehr Ordnung zu gewinnen. Ich kann mich an keinen einzigen Menschen erinnern, der den Zugewinn an Übersicht, ersparter Zeit und flüssigeren Abläufen bereut hätte. Die Erklärung ist einfach: Stapel drücken aufs Gemüt – ein freier Schreibtisch dagegen schafft einen freien Kopf.

Freier Schreibtisch, freier Kopf

Der österreichische Lyriker und Essayist Ernst Freiherr von Feuchtersleben (1806–1849) geht sogar so weit zu sagen: „In einem aufgeräumten Zimmer ist auch die Seele aufgeräumt." Ich persönlich gehe nicht ganz so weit. Ich sage: „So organisiert, wie es auf den Tischen der Menschen aussieht, sieht es in ihren Köpfen aus."

Voraussetzung für Erfolg

Ordnung und Sauberkeit dienen aber nicht nur dem persönlichen Wohlbefinden. In Werkhallen gilt das Motto: „Nur wer diszipliniert Ordnung und Sauberkeit hält, kann Qualität produzieren." Es geht also letztlich um eine Voraussetzung für zufriedene Kunden und damit um eine Voraussetzung des unternehmerischen Erfolgs.

Der Titel dieses Buches heißt „Für immer aufgeräumt". Bevor es allerdings darum gehen kann, die Ordnung auf Ihrem Schreibtisch und in Ihrem Büro dauerhaft zu erhalten, müssen Sie diese Ordnung erst einmal herstellen.

Ziel der ersten Stufe

Genau dies ist das Ziel der ersten Stufe. Ich möchte Ihnen einige erprobte Instrumente und Vorgehensweisen an die Hand geben, mit deren Hilfe Sie Ihren Arbeitsplatz von allem befreien, was Sie bei der konzentrierten Beschäftigung mit wertschöpfenden Aufgaben behindert.

Die Kugel hochschieben

Indem Sie diese Instrumente nutzen, schieben Sie die Kugel, von der in Teil I die Rede war, ein Stück weit den Berg hinauf. Das Aufräumen ist der erste Schritt.

Sie runzeln die Stirn, weil Sie für das Aufräumen keine Zeit haben? Genau dann sollten Sie aus den bedrängenden Strukturen Ihres Büroalltags ausbrechen und mit diesem ersten Schritt beginnen. Das Geniale beim Büro-Kaizen ist, dass die Zeitspareffekte sofort einsetzen. Schon allein durch das Aufräumen werden Sie innerhalb weniger Tage die eingesetzte Zeit zurückbekommen. Wenn Sie anschließend die Treppe Stufe um Stufe hinaufsteigen, werden Sie nicht nur mehr Zeit gewinnen, sondern ein ganz neues Gefühl von Souveränität verspüren.

Die 1. Stufe nehmen

Wenn Sie es schaffen, Ihren Schreibtisch und Ihr Büro aufzuräumen, kann es sein, dass sich Ihre Kolleginnen und Kollegen über Sie lustig machen. Wenn sie den leeren Schreibtisch sehen, fragen sie vielleicht: „Hast du nichts zu tun?" **Vom Spott …**

Halten Sie den Spott aus. Nach kurzer Zeit kommen die gleichen Leute wieder, weil sie wissen wollen, wie Sie es hinbekommen haben. **… zum Interesse**

1.1 Fotografieren Sie den Ist-Zustand

Wenn ich Kunden bei Aufräumaktionen begleite, beginnen wir zunächst damit, uns über den Ist-Zustand klar zu werden. Der dabei eintretende Effekt ist so stark, dass ich dieses Vorgehen auch Ihnen empfehle. Nehmen Sie also eine Digitalkamera in die Hand, bevor Sie mit dem Aufräumen anfangen, und machen Sie einige Fotos.

Fotografieren Sie ...

So gehen Sie vor
Fotografieren Sie Schreibtische:

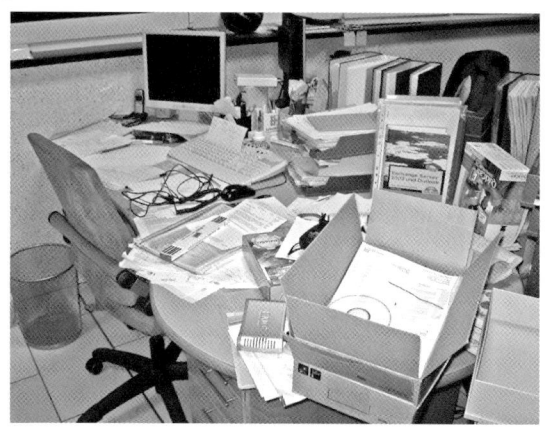

Auch ganze Arbeitsplätze, schließlich Fußboden und Fensterbank, sind interessant:

Arbeitsplatz mit Fensterbank und Fußboden

Fotografieren Sie auch gemeinsam genutzte Schränke …

Schränke

… sowie Details:

Details

Was der Tipp bewirkt

■ Wenn Sie zum Beispiel Ihren Schreibtisch auf einem Foto sehen, wirkt die Situation anders, als wenn Sie direkt am Schreibtisch sitzen. Durch die Fotos entsteht eine Distanz, die Ihre Augen öffnen wird. Eine solche „Schocktherapie" kann sehr nützlich sein.

Schocktherapie

■ Wenn Sie die Tipps dieses Buches umsetzen, werden Sie Ihr Büro bald nicht mehr wiedererkennen. Die Fotos werden Ihnen zeigen, wie gut Sie vorangekommen sind. Das motiviert!

Fortschritte motivieren

Darauf kommt es an

■ Achten Sie darauf, mit den Fotos niemanden bloßzustellen. Es geht nicht darum, Kollegen als Chaoten zu entlarven. Chaos ist vielmehr ein Indikator dafür, dass Prozesse nicht durchdacht bzw. nicht standardisiert sind. Überall dort, wo Sie auf den Fotos Unordnung erkennen, sehen Sie zugleich Ansatzpunkte für nachhaltige Verbesserungen.

Niemanden bloßstellen

■ Die Fotos helfen Ihnen dabei, sich bewusst zu machen, wie Ihr Arbeitsplatz von Außenstehenden wahrgenommen wird. Um diese Wirkung zu verstärken, können Sie die Fotos ausdrucken, aufhängen und mit der Überschrift versehen: *„So sehen uns Kunden, Besucher, Kollegen, Lieferanten, …"*

Außenwahrnehmung bewusst machen

1.2 Sortieren Sie systematisch aus

Nachdem Sie den Ist-Zustand dokumentiert haben, geht es nun ans Aussortieren. Trennen Sie sich von allen unnötigen Dingen.

So gehen Sie vor
Die Spielregel lautet: Entfernen Sie alles, was nicht gebraucht wird. Es gibt jede Menge Dinge in Schubladen, Schränken und Regalen, die einem ans Herz gewachsen sind, aber seit Jahren nicht mehr gebraucht werden oder noch nie gebraucht wurden. Alles, was nicht notwendig ist, kann entsorgt werden.

Alles raus, was nicht gebraucht wird

Es ist erstaunlich, welche Unmengen an Papier, Ablageschalen und ähnlichen Dingen bei dieser Aussortier-Aktion zusammenkommen.

Es kommt viel zusammen

Was der Tipp bewirkt

Das Ergebnis ist ein beachtlicher Flächen- und Raumgewinn sowie eine Reduzierung der Suchzeiten.

Gewinn an Fläche und Raum

Darauf kommt es an

Überfordern Sie sich nicht, indem Sie gleich das gesamte Büro ins Visier nehmen. Besser, Sie gehen Schritt für Schritt vor. Wenn Ihr Schreibtisch der Mittelpunkt Ihrer Arbeit ist, beginnen Sie hier. Es ist eine der ältesten Erkenntnisse des Zeitmanagements, dass „Leertischler" wirksamer arbeiten als „Volltischler".

Am Schreibtisch beginnen

Gehen Sie vom Schreibtisch aus und bekämpfen Sie das Chaos zunächst im unmittelbaren Umfeld. Eine sinnvolle Abfolge für das Aussortieren könnte so aussehen:

Das Chaos nach außen drücken

1. auf dem Schreibtisch
2. in den Schreibtischschubladen sowie im Rollcontainer
3. unter dem Schreibtisch, auf dem Fußboden
4. in den Sideboards, Regalen oder Schränken
5. auf den Fensterbänken und anderen horizontalen Flächen

Extra-Tipp

Stellen Sie für diesen Schritt Behälter bereit für Altpapier, Restmüll und – sofern notwendig – auch für Elektrogeräte.

Behälter bereitstellen

Übrigens, aufräumen ist ansteckend. Während meiner Schulungen erlebe ich es immer wieder, dass die bereitgestellten Behälter ohne Aufforderung auch von Mitarbeitern anderer Abteilungen gefüllt werden.

Aufräumen steckt an

1.3 Was Sie tun können, wenn Sie keine Zeit zum Aussortieren haben

Es kann sein, dass Sie beim Aussortieren auf Fächer stoßen, bei denen Ihre Zeit im Moment nicht ausreicht, um sie gut aufzuräumen.

Chaotisch gefüllte Schränke

 So gehen Sie vor

Kleben Sie auf die Tür ein Post-it und schreiben Sie eine fortlaufende Nummer darauf.

Post-its aufkleben

To-do-Liste erstellen

Sammeln Sie die offenen Punkte auf einer To-do-Liste. Versehen Sie jeden Punkt mit einer Zuständigkeit und einem Termin. Hängen Sie die To-do-Liste für alle Mitarbeiter sichtbar aus. Entfernen Sie die Liste erst dann, wenn alle To-do-Punkte erledigt sind.

**To-do-Liste gut
sichtbar aushängen**

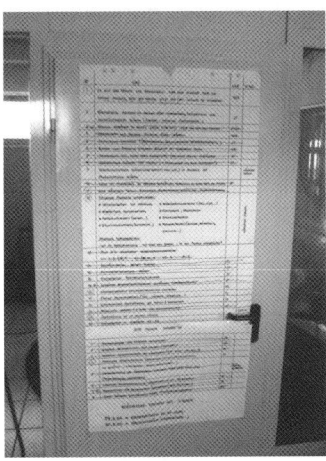

Was der Tipp bewirkt

▨ Sie sehen auf der To-do-Liste mit einem Blick, was Sie noch erledigen müssen.

▨ Sie könnten auch ein Fotoprotokoll machen und an alle zuständigen Mitarbeiter mailen. Solch ein Protokoll verschwindet aber oft rasch aus dem Bewusstsein. Die Post-its halten die offenen Aufgaben ständig vor Augen.

Aufgaben vor Augen

▨ Sie zerlegen das große Ziel des Aussortierens in kleine, handhabbare Schritte. Vor allem dann, wenn Sie ein Büro mit vielen unaufgeräumten Schränken oder Regalen haben, sinkt auf diese Weise die Hemmschwelle, mit dem Aufräumen zu beginnen.

Extra-Tipps

▨ Nutzen Sie die Post-it-Methode auch dann, wenn Sie beim Ausmisten Dinge finden, bei denen Sie nicht allein entscheiden können, ob sie weggeworfen werden dürfen. Tragen Sie die fraglichen Akten bzw. Objekte ebenfalls auf der To-do-Liste ein und klären Sie diese Fragen später gebündelt in einem Durchgang.

**Wenn Sie nicht allein
entscheiden können**

▨ Schreiben Sie auf das Post-it auch das Kürzel des Mitarbeiters, um auf einen Blick zu erkennen, wer zuständig ist.

▨ Befestigen Sie die Post-its zusätzlich mit einem Klebestreifen, damit sie nicht nach einigen Tagen abfallen.

1.4 Praktizieren Sie Wegwerfen auf Probe

Menschen sind von Natur aus Jäger und Sammler. Deshalb bereitet der Gedanke, Dinge wegzuwerfen, vielleicht auch Ihnen Unbehagen – Sie könnten die Unterlagen ja nochmal brauchen …
Ein nützlicher Zwischenschritt auf dem Weg zum Loslassen ist das Wegwerfen auf Probe.

So gehen Sie vor
Unterlagen und Gegenstände, die Sie nicht mehr am Arbeitsplatz benötigen, aber noch nicht wegwerfen möchten, legen Sie in Kartons.

**Alte Unterlagen
in Kartons lagern**

Diese Kartons können dann in Archiv, Keller oder Lager aufbewahrt werden.

Was der Tipp bewirkt
Sie gewinnen Platz in Ihrem direkten Arbeitsumfeld:

**Spürbarer
Platzgewinn**

Vorher   Nachher

36

Darauf kommt es an

- Schaffen Sie die leergewordenen Regale aus dem Büro. Sonst füllen sie sich wieder schneller, als Ihnen lieb sein kann.
- Um zu verhindern, dass diese Kisten ewig stehen bleiben, sollten sie mit einem Zettel wie folgt beschriftet werden:

Kartons beschriften

Karton von ....

Wenn dieser Karton bis ....

nicht geöffnet wird, kann er ohne Betrachtung

des Inhalts entsorgt werden.

Achten Sie beim Bestimmen des Datums auf die gesetzlichen Aufbewahrungsfristen.

Service

Eine Übersicht gesetzlicher Aufbewahrungsfristen finden Sie kostenlos als Download unter www.für-immer-aufgeräumt.de

Extra-Tipps

- Schreiben Sie auf jeden Karton eine fortlaufende Nummer.
- Diktieren Sie beim Packen der Kisten, welche Dokumente sie hineinlegen. Aus dem Diktat kann anschließend ein Inhaltsverzeichnis erstellt werden. Dieses Archivierungsprotokoll können Sie auf den zugehörigen Karton kleben. Eine Kopie können Sie an Ihrem Arbeitsplatz – etwa an der Innenseite der Schranktür – aufbewahren, um bei Bedarf raschen Zugriff zu haben.

Inhalt diktieren

Inhaltsverzeichnis aufbewahren

Inhaltsverzeichnis

Karton Nr.:   12
Entsorgen am: 31.12.2008

Lfd. Nr.	Bezeichnung	Monat/Jahr
1	Rechnungen allgemein A–M	01–06/1998
2	Rechnungen allgemein A–M	07–12/1998
3	Rechnungen allgemein N–Z	01–06/1998
4	Rechnungen allgemein N–Z	07–12/1998

1.5 Gewinnen Sie mehr Platz im direkten Arbeitsumfeld

Ihr unmittelbares Arbeitsumfeld sollte so beschaffen sein, dass es Sie beim Erreichen Ihrer Ziele unterstützt und Sie sich auf wertschöpfende Tätigkeiten konzentrieren können. In Ihrem Umfeld sollten nur Dinge sein, die Sie täglich benötigen. Häufig befinden sich jedoch auch noch nach der Aussortier-Aktion Akten, Gegenstände und Möbel in Ihrer Nähe, die unnütz sind und Sie behindern.

So gehen Sie vor
Es kann vorkommen, dass Sie sich nicht sicher sind, ob Sie bestimmte Akten in Ihrem nahen Umfeld benötigen. Sie greifen hin und wieder auf einzelne Ordner zu, freilich ohne sich zu merken, auf welchen.

Ordnerzugriff
ohne Markierung

Jedes Mal, wenn Sie einen Ordner benötigen, markieren Sie ihn mit einem kleinen Aufkleber.

Ordnerzugriff
mit Markierung

Was der Tipp bewirkt

Sie erkennen beispielsweise nach drei Monaten auf einen Blick, welche Ordner Sie noch in Ihrer Nähe benötigen und welche ins Archiv können.

Klarheit auf einen Blick

Darauf kommt es an

■ Damit Sie den Tipp im Alltag auch umsetzen, dürfen Sie keine Zeit mit der Suche nach Aufklebern verschwenden. Befestigen Sie daher einen Aufkleber-Bogen in der Nähe der Ordner, die Sie überprüfen möchten.

Aufkleber in der Nähe aufbewahren

■ Der Tipp funktioniert natürlich nur, wenn Sie die nicht benötigten Ordner auch tatsächlich ins Archiv bringen oder entsorgen. Tragen Sie daher in Ihren Kalender einen Termin ein, an dem Sie entscheiden, welche Ordner aus Ihrem nächsten Umfeld entfernt werden können.

Nicht benötigte Ordner entfernen

Alternativ-Idee

Sie können die Ordner auch mit einem Tesafilm-Streifen zukleben. Wenn Sie einen Ordner benötigen, entfernen Sie den Streifen einfach wieder. Nach drei Monaten wissen Sie, welche Ordner in den Aktenkeller gehören: alle, bei denen der Tesafilm-Streifen noch intakt ist.

Tesafilm nutzen

Ablage
aus Tradition

Manchmal werden Unterlagen aus Gewohnheit abgelegt. Es ist Ihnen nicht klar, ob die Unterlagen überhaupt gebraucht werden.

So gehen Sie vor

Wenn Sie nicht wissen, ob Sie ein bestimmtes Blatt ablegen müssen, legen Sie es in eine definierte und entsprechend beschriftete Testbox. Wer etwas in dieser Testbox sucht, vermerkt dies auf der Box. Sollte sich nach einer bestimmten Frist herausstellen, dass niemand das Blatt benötig, kann künftig auf die Ablage verzichtet werden.

Testbox nutzen und
gut beschriften

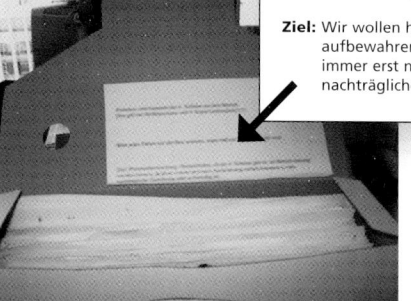

> **Testbox**
>
> Gilt nur für den 4. Durchschlag der Lieferscheine!
>
> Wenn einer der hier aufbewahrten Scheine gebraucht wird, notieren Sie bitte die Nummer des Lieferscheins auf der Box, Ihren Namen sowie das Datum, an dem Sie das Dokument benötigten.
>
> **Ziel:** Wir wollen herausfinden, ob wir den 4. Durchschlag aufbewahren müssen. Der 4. Durchschlag kommt immer erst nach der Auslieferung zurück, und eine nachträgliche Zuordnung ist sehr aufwendig.

In einigen Büros stehen Rollcontainer oder Schränke, die nicht benutzt werden – oft mit dem Argument, dass sie viel Geld gekostet haben.

Unnütze Schränke

So gehen Sie vor

Dass die Anschaffung mit Kosten verbunden war, ist richtig. Wenn die Möbel aber nur im Weg stehen, unnötige Suchzeiten verursachen oder für Ablenkung sorgen, entstehen weitere Kosten. Entfernen Sie daher das betroffene Mobiliar. Räumen Sie die Möbel aus und finden Sie eine neue Verwendung.

Möbel entfernen

Extra-Tipp

Manche Unternehmen bieten Möbel und sonstige Gegenstände und Materialien, für die es keine Verwendung mehr gibt, ihren Mitarbeitern zum Mitnehmen an. Sie definieren einen Platz, an den Dinge gestellt werden, die nicht mehr benötigt werden.

Angebot für Mitarbeiter

Service

Eine Illustration, mit der Sie einen solchen Platz markieren können, finden Sie kostenlos als Download unter www.fuer -immer-aufgeraeumt.de

1.6 Verbessern Sie Ihre Müllentsorgung

Ordnung im Büro hat auch damit zu tun, dass Sie gleich alles wegwerfen, was nicht benötigt wird. Am Arbeitsplatz steht dafür häufig ein Mülleimer bereit, in den alles hineinkommt – sei es ein Buttermilchbecher, der halbvoll weggeworfen wird, oder zerknülltes Papier.

Oft genutzt: Ein Papierkorb für jeden Müll

So gehen Sie vor

Benutzen Sie statt eines Papierkorbes eine „Papierkiste". Diese verwenden Sie – ihrem Namen entsprechend – ausschließlich für Papier. Übrigens ist es besser, Sie haben einen kleinen Schreibtisch und eine große Papierkiste als umgekehrt.

Besser: Eine Kiste nur für Papier

Andere Müllsorten werfen Sie in mehrfach unterteilte Mülleimer oder in separate Behälter, die entsprechend beschriftet sind. Die anfallende Müllmenge bestimmt die Größe der Mülleimer.

**Beschriftete Behälter
für andere Müllsorten**

Was der Tipp bewirkt
Da viel mehr Papiermüll in die Kiste passt, muss sie nicht mehr täglich, sondern beispielsweise nur noch wöchentlich geleert werden. Außerdem: Wenn Sie eine weggeworfene Unterlage benötigen, können Sie diese unbeschädigt aus der Kiste nehmen.

**Unterlagen bleiben
unbeschädigt**

Darauf kommt es an
- Die Papierkiste sollte rechteckig und so groß sein, dass Sie Unterlagen unzerknüllt einwerfen können.

Groß genug

- Achten Sie darauf, dass die getrennte Entsorgung des Mülls tatsächlich durchgängig funktioniert. Ich habe bei meinen Beratungen schon Firmen erlebt, in denen zwar im Büro der Müll getrennt gesammelt wurde, die Reinigungskraft am Abend jedoch alles zu *einer* großen Mülltonne brachte.

**Durchgängigkeit
sichern**

Für Perfektionisten
So vorhanden, können Sie die Papierkiste in der Schublade eines Sideboards verschwinden lassen. Tagsüber ist sie geöffnet. Wenn Sie Besuch empfangen, schließen Sie die Schublade mit einem Handgriff – und vom Müll ist nichts mehr zu sehen.

**Müll verschwinden
lassen**

1.7 Halten Sie den Arbeitsplatz sauber

Wenn Sie in Ihrem Büro Ordnung und Sauberkeit gewonnen haben, kommt es nun darauf an, diese auch zu halten.

So gehen Sie vor

Täglich Ordnung halten

Machen Sie es sich zur Angewohnheit, die Ordnung an Ihrem Schreibtisch wieder herzustellen, bevor Sie in den Feierabend gehen. Dann können Sie am nächsten Tag wieder bei Null anfangen. Ansonsten kumulieren sich die Zettel: Am ersten Tag bleiben fünf Blätter liegen, am nächsten fünf weitere, und am dritten Tag haben Sie schon wieder einen kleinen Stapel. Das Wiederherstellen der Ordnung am Abend ist vor allem sinnvoll, wenn Sie sich noch in der Eingewöhnungsphase befinden. Wenn Sie eines Tages die Tipps dieses Buches berücksichtigen, bleibt von allein nichts mehr liegen.

Zuständigkeiten festlegen

Viele meiner Kunden haben auch gute Erfahrungen damit gemacht, bei Besprechungszimmern, der Teeküche und anderen gemeinsam genutzten Räumen Zuständigkeiten für Ordnung und Sauberkeit zu definieren und durch ein Schild zu visualisieren.

Extra-Tipp

Überprüfen Sie in regelmäßigen Abständen, ob Sauberkeit und Ordnung beibehalten werden:

■ Dazu können Sie den Test vom Buchanfang durchgehen.

Checklisten entwickeln

■ Sie können auch eine Checkliste entwickeln, die auf Ihre Bedürfnisse zugeschnitten ist. Dort können dann Aufgaben vorkommen wie die Reinigung von Tischen, Schubladen, Schränken, Bürogeräten, Fußboden, Pflanzen, Lampen, Mülleimern, allgemein genutzten Räumen und so weiter.

1.8 So gelingt die Umsetzung

Sie können die beschriebenen Ratschläge natürlich alleine umsetzen. Sie können aber auch einen Moderator, Coach oder Berater hinzuholen. Dies verleiht dem Vorgehen einen „Event-Charakter".

Allein oder mit Unterstützung

Wenn ich in Unternehmen zu Umsetzungsberatungen unterwegs bin, wird mir dies immer wieder bestätigt: „Aufräumen können wir zwar auch selbst", heißt es dann. „Aber wir haben Sie bewusst zu einem Workshop eingeladen, denn dann können wir eine ganze Abteilung einbeziehen, die Aktion bekommt mehr Gewicht – und wir erhalten viele praxistaugliche Tipps und weiterführende Unterstützung."

Überprüfen Sie sich selbst

Haben Sie …

… den Ist-Zustand fotografiert? ☐ Ja ☐ Nein

… sich von unnötigen Dingen in Ihrer Umgebung durch systematisches Aussortieren getrennt? ☐ Ja ☐ Nein

… die Post-it-Methode genutzt? ☐ Ja ☐ Nein

… Wegwerfen auf Probe praktiziert? ☐ Ja ☐ Nein

… mehr Platz in Ihrem direkten Arbeitsumfeld gewonnen? ☐ Ja ☐ Nein

… Mülltrennung einschließlich Papierkisten eingeführt? ☐ Ja ☐ Nein

… die Gewohnheit entwickelt, die Ordnung am Schreibtisch vor dem Feierabend wieder herzustellen? ☐ Ja ☐ Nein

Das GENIE beherrscht
das Chaos.

Albert Einstein

Das GENIE beherrscht
SEIN Chaos.

Jürgen Kurz

2. Die ZWEITE Stufe: Vereinbaren Sie Spielregeln

Wenn Sie die nicht benötigten Dinge aussortiert und archiviert bzw. weggeworfen haben, ergibt sich die nächste Aufgabe zwangsläufig: Die übrig gebliebenen Unterlagen und Büroutensilien müssen so aufgeräumt und organisiert werden, dass sie künftig schnell und problemlos gefunden werden. Es geht darum, den Dingen eine „Heimat" zu geben.

Den Dingen eine „Heimat" geben

In der Produktion kennt man den Grundsatz: „Alles hat *einen* Platz, alles hat *seinen* Platz." Das bedeutet, dass jeder weiß, wo sich bestimmte Hilfsmittel befinden. Dieser Grundsatz lässt sich recht einfach auf die Bürowelt übertragen.

Ein wichtiger Grundsatz

Darüber hinaus lohnt es sich, die Prozesse Ihres Büroalltags unter die Lupe zu nehmen. Auch hier lassen sich durch intelligente Standards Verschwendungen vermindern.

5 Ziele und Kennzahlen
4 Erfolg durch Eigeninitiative
3 Permanent perfektionierte Prozesse
2 Spielregeln für die Abteilung
1 Aufgeräumter Arbeitsplatz

Die 2. Stufe nehmen

Manche meinen, Standards seien steril und würden die Kreativität einschränken. Ich lade Sie dazu ein, sich von dieser Vorstellung zu verabschieden. Standards sind wie Spielregeln. In Japan heißt es: „Ein Standard ist die einfachste, leichteste und sicherste Art und Weise, etwas zu tun."

Standards sind wie Spielregeln

Standards schaffen Freiräume

Der Sinn von Spielregeln besteht darin, Ihnen die Dinge zu erleichtern und nicht, Sie einzuengen. Spielregeln verschaffen Ihnen die Freiräume, die Sie brauchen, um entspannt zu arbeiten und sich aufs Wesentliche zu konzentrieren.

Funktionen

Spielregeln haben folgende Funktionen:

- Sie dienen dazu, den Stand einer erreichten Verbesserung abzusichern und den Keil unter die Kugel zu treiben.

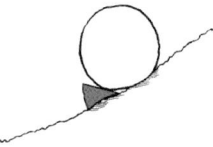

- Sie können als Grundlage für die Information, Schulung und Beurteilung von Mitarbeitern verwendet werden.
- Erreichte Standards bilden den Ausgangspunkt für weitere Verbesserungen.

Wenn Spielregeln objektiv, nachvollziehbar, eindeutig und einfach gestaltet sind, dann verhindern sie, dass Fehler wiederholt auftreten.

Beispiel: Schubladen in der Küche

Ein gutes Beispiel für Spielregeln haben Sie in Ihrem privaten Umfeld, und zwar in Ihrer Küche. Wie sieht die Schublade aus, in der Sie Messer, Gabel und Löffel verstauen? Ich wette, sie ist bei Ihnen aufgeräumt. Wie sieht dagegen die Schublade aus, in der Sie Schneebesen, Suppenkelle, Kartoffelstampfer & Co. aufbewahren? Vielleicht sind Sie ja Hersteller für Küchenmöbel und gewinnen beim Lesen dieses Buches eine gute Idee, die dieses Problem löst …

48

Wenn Sie nun Ihre Spülmaschine ausräumen: Dauert es dann länger, Messer, Gabel und Löffel in die organisierte Schublade zu legen, als den Rührlöffel in die ungeordnete? Ich benötige für beides gleich viel Zeit.

Wenn ich jedoch etwas aus meiner ungeordneten Schublade benötige, muss ich darin herumkramen, wogegen der Griff nach Messer oder Gabel „vollautomatisch" und ohne lästiges und zeitverschwendendes Suchen abläuft. Der Grund: Die Besteckschublade wurde durchdacht gestaltet und intelligent standardisiert. Selbst Kinder können die Spülmaschine ausräumen und die Löffel, Gabeln und Messer gleich richtig einsortieren.

Zeitgewinn durch Standards

Auf Ihr Büroumfeld übersetzt heißt das, dass Sie sich im Laufe dieses Kapitels Gedanken darüber machen, wo der ideale Platz für Notizzettel, Locher, Tacker, Eingangspost, Unterlagen temporärer Projekte und dergleichen mehr ist.

Den idealen Platz finden

Die festen Plätze reduzieren dabei nicht nur Suchzeiten. Aufräumzeiten werden ebenfalls kürzer, da Sie bei standardisierten Plätzen Büroutensilien schnell und zielsicher zurückstellen können.

Weniger Such- und Aufräumzeiten

Im Sinne einer abteilungsweiten Verbesserung können Sie einzelne dieser Spielregeln in Absprache mit Ihren Kollegen auch für allgemeingültig erklären, was den Nutzen nochmals steigern wird.

In diesem Kapitel lernen Sie zunächst Spielregeln für Einzelarbeitsplätze kennen. Ab Seite 72 geht es dann um mögliche arbeitsplatzübergreifende Spielregeln. Allerdings sollten Sie diese Unterscheidung nicht allzu dogmatisch betrachten. Wichtig ist bei gemeinsam vereinbarten Spielregeln vor allem, dass alle beteiligten Mitarbeiter die Spielregeln akzeptieren und befolgen. Nur dann ist es möglich, das effizientere Arbeiten dauerhaft zu sichern.

Spielregeln akzeptieren und befolgen

2.1 Gewinnen Sie mehr Übersichtlichkeit durch Beschriftung

Alles sofort beschriften

Suchzeiten entstehen häufig dadurch, dass Aufbewahrungssysteme wie Folien, Ordner oder Mappen nicht gut beschriftet sind. Bevor Sie mit dem Aufräumen beginnen, machen Sie es sich zur Spielregel, alles sofort zu beschriften, und zwar möglichst eindeutig und intelligent.

Suchzeiten bei Sichthüllen

Möglicherweise legen Sie zusammengehörende Unterlagen in transparenten Sichthüllen ab. Worum es bei den Dokumenten geht, ist aber oft nicht auf einen Blick erkennbar.

So gehen Sie vor

Legen Sie vorne in die Folien kleine Notizzettel mit der Inhaltsangabe ein. Das reduziert Suchzeiten. Wenn Sie diese Zettel mit einem dicken edding-Stift beschriften, erleichtert das die Lesbarkeit.

Sichthüllen mit Beschriftung

Wichtige Informationen wie Adressen oder Termine vergangener Veranstaltungen müssen häufig in Hängeregistermappen oder Ordnern gesucht werden.

Suchzeiten bei Ordnern und Mappen

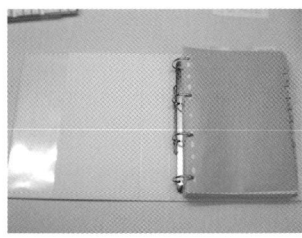 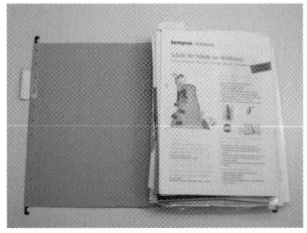

So gehen Sie vor

Auf den Deckelinnenseiten von Mappen und Ordnern können Visitenkarten aufgeklebt bzw. angetackert werden. Auch lohnt es sich, ein Inhaltsverzeichnis anzulegen.

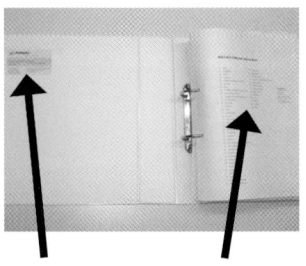 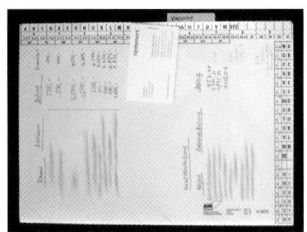

Ordner und Mappe mit nützlichen Informationen

Visitenkarte   Inhaltsverzeichnis

Extra-Tipps

- Nutzen Sie Mappen für Notizen. Schreiben Sie beispielsweise die Termine der bisherigen Veranstaltungen auf. So erkennen Sie etwa auf einen Blick, dass die 10. Strategiesitzung oder die 25. Mitarbeiterversammlung und somit ein Jubiläum ansteht.

  Notizen auf die Mappe schreiben

- Neben Terminen können auch wichtige Informationen wie Ansprechpartner, Telefonnummern etc. notiert werden. Das erleichtert die Adresssuche, wenn Sie keine zentrale Adressverwaltung im PC haben oder häufig unterwegs sind.

  Adressen notieren

Suchzeiten bei Ordnern *Ordnerrücken werden häufig unsystematisch, zu klein oder nicht aussagefähig beschriftet. Zudem stehen die Ordner oft schlecht sortiert im Regal.*

So gehen Sie vor

Beschriften Sie Ordner einheitlich mit Buchstaben, die nicht zu klein sind. Versehen Sie entsprechende Ordner zusätzlich mit Kunden- oder Lieferantenlogos. Das verkürzt die Zugriffszeiten spürbar.

Logo anbringen

Extra-Tipp

Farben verwenden Um noch mehr System in den Umgang mit Ordnern zu bringen, können Sie mit Farben arbeiten. Definieren Sie Farben, an die sich möglichst alle Mitarbeiter halten. Beispiel:

- Rot: Buchhaltung
- Gelb: Personal
- Grün: Planungen, Strategie
- Weiß: Schriftverkehr mit Kunden

Sie können alternativ dazu auch jedem Jahr eine neue Farbe geben: Buchhaltung 2007: Rot; 2008: Gelb etc.

In manchen Unternehmen stehen viele Ordner in einem Regal. Es dauert jedes Mal eine Zeit, bis der richtige Ordner gefunden wird. Soll der Ordner wieder an den richtigen Platz einsortiert werden, dauert es meist genau so lange.

Einstellzeiten bei Ordnern

Unsystematisch gelagerte Ordner

So gehen Sie vor

Bei alphabetischer oder chronologischer Ablage ist es wichtig, dass die Ordner im Regal immer an der gleichen Stelle stehen. Um die Orientierung zu erleichtern, können Sie über alle Ordner eines Regalbodens diagonal ein Klebeband anbringen.

Diagonales Klebeband

Was der Tipp bewirkt

- Sie erkennen auf einen Blick, an welcher Position ein entnommener Ordner wieder eingestellt werden muss.
- Die Ordnung bleibt dauerhaft erhalten, da ein falsch eingestellter Ordner sofort auffällt.

Dauerhafte Ordnung

Extra-Tipp

Es lohnt sich, nicht nur Order zu beschriften, sondern auch Schränke, Regalböden und Lichtschalter. Faustregel: Überall dort, wo Sie nicht mit einem Blick erkennen, wonach Sie suchen, lohnt sich eine Beschriftung.

Noch mehr beschriften

2.2 Machen Sie der Zettelwirtschaft ein Ende

Überall Zettel *Im Büro müssen, mehr oder weniger regelmäßig, zahlreiche Informationen parat sein – seien es Telefonnummern oder ein Jahresterminplan. Häufig werden diese Informationen auf unsystematische Weise auf dem Schreibtisch und um den Schreibtisch herum verteilt: an Pinwänden, auf Schreibunterlagen, auf Post-its, die am Monitor kleben.*

Zettel an der Wand und auf dem Schreibtisch

So gehen Sie vor
Wichtige Unterlagen können in Sichtbüchern mit fest eingeschweißten Hüllen oder in Tischständern (auch mit Wandbefestigung) untergebracht werden. Die Sichtbücher können Sie auf dem Rollcontainer oder in der Schreibtischschublade aufbewahren.

Sichtbücher und Tischständer

Service
Sichtbücher mit unterschiedlicher Hüllenzahl bekommen Sie beispielsweise bei www.office-discount.de

Extra-Tipp
Statt Sichtbücher zu nutzen, können Sie auch Klarsichthüllen verwenden, die Sie mit einem Heftstreifen zusammenhalten. Das Inhaltsverzeichnis legen Sie in die erste Hülle.

Schreibunterlagen werden mit allerlei Informationen vollgepackt. Wenn Sie darauf abgelegte Unterlagen bearbeiten, nehmen Ihre Augen unbewusst viele Informationen auf. Ablenkungen sind nicht zu vermeiden. Das gilt auch für Schreibunterlagen aus Papier, auf denen Sie beim Telefonieren Notizen festhalten oder malen.

Schreibunterlagen

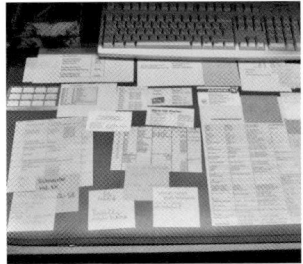 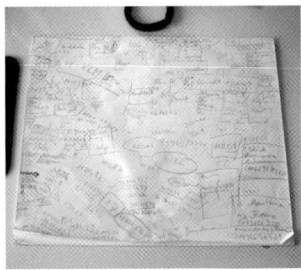

Mit Folie oder aus Papier

So gehen Sie vor

Idealerweise verwenden Sie überhaupt keine Schreibunterlage – weder aus Papier noch mit Folie für Notizen. Ihre Informationen organisieren Sie besser mit Sichtbüchern oder einem Tischständer. Wenn Sie nicht auf eine Unterlage verzichten wollen, dann sollte sie transparent oder einfarbig, ohne Folie sein.

Schreibunterlage verbannen

Was der Tipp bewirkt

■ Wie auch beim vorherigen Tipp befreien Sie Ihr Blickfeld von Dingen, die Sie ablenken. Das gibt nicht nur ein gutes Bild ab, sondern sorgt auch für Klarheit im Kopf.

■ Ihr Schreibtisch bleibt frei für den Vorgang, an dem sie gerade arbeiten.

■ Ihre Wand bleibt frei beispielsweise für ein schönes Bild.

Klarheit im Kopf

Darauf kommt es an

Wenn Sie die Schreibunterlagen bisher für Telefonnotizen genutzt haben, dann müssen Sie nun eine Alternative schaffen. Am besten, Sie verwenden für Notizen generell einen DIN-A4-Block. So können Sie die Notizen zum zugehörigen Vorgang ablegen – bei Schreibunterlagen geht das gar nicht. Möchten Sie eine Telefonnummer für einen einmaligen Rückruf notieren, verwenden Sie dafür einen Schmierzettel, den Sie nach dem Telefonat sofort wegwerfen.

A4-Blätter verwenden

**Post-its
am Bildschirm**

Für bestimmte Programme und Websites benötigen Sie Kennwörter und sonstige wichtige Informationen. Diese bringen viele Computernutzer mit Post-its an ihrem Bildschirm an.

 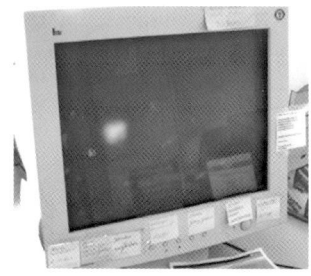

So gehen Sie vor

Entweder nutzen Sie wieder Sichtbücher oder einen Tischständer, um die Kennwörter dort abzulegen.

Sollten Sie die Informationen mehrmals täglich benötigen, wäre es möglicherweise zu umständlich, jedes Mal das Sichtbuch zur Hand zu nehmen oder im Tischständer zu blättern. In diesem Fall können Sie einen Schwenkarm am Monitor befestigen. Wenn Sie die Informationen benötigen, klappen Sie den Schwenkarm nach vorne. Wenn Sie fertig sind, klappen Sie ihn wieder nach hinten.

**Schwenkarm
am Monitor**

Extra-Tipp

Guter Zusatznutzen Der Schwenkarm bietet einen weiteren Nutzen: Wenn Sie etwas abtippen müssen, können Sie die Blätter an der Klammer des Schwenkarms befestigen. Das Abschreiben ist nun ohne große Anstrengungen möglich.

Vielleicht wollen Sie Familienfotos und lustige Sprüche am Arbeitsplatz aufbewahren und immer wieder einen Blick darauf werfen. Auch für diesen Zweck wird häufig der Monitor genutzt oder eine Wand in der Nähe des Schreibtisches.

Fotos und Sprüche

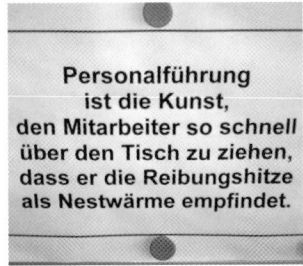

So gehen Sie vor

Wenn Sie mit einem Sichtbuch arbeiten, können Sie das Inhaltsverzeichnis auch in die erste Folie stecken. Als Deckblatt können Sie die Familienfotos unterbringen. Wenn Sie mehrmals am Tag auf das Sichtbuch zugreifen, wird Sie das immer erfreuen.

Als Deckblatt nutzen

Extra-Tipp

Arbeiten Sie mit *zwei* Sichtbüchern. Das eine ist für alle Mitarbeiter identisch und enthält Unterlagen wie die Telefonliste, den Kostenstellenplan etc. Das zweite ist Ihr individuelles Sichtbuch. Hier sammeln Sie alle Informationen, die Sie – bezogen auf Ihren Arbeitsplatz – für relevant halten. Dieser Tipp ist auch eine gute Voraussetzung für funktionierende Vertretungsreglungen. Wenn alle mit Sichtbüchern arbeiten, hat Ihr Vertreter eine Vorstellung davon, wo er in Ihrer Abwesenheit die gesuchten Informationen finden kann.

Allgemeines und individuelles Sichtbuch

2.3 Nutzen Sie Tacker & Co. effizienter

Bürowerkzeuge wie Locher, Tacker, Schere und Tesafilmabroller verbrauchen Platz auf dem Schreibtisch oder sind unübersichtlich in Schubladen untergebracht, rutschen dort umher und müssen bei Bedarf gesucht werden. Oft sind sie auch mehrfach vorhanden.

Erschwerter Zugriff auf Bürowerkzeuge

So gehen Sie vor

Es ist sinnvoll, einen festen Platz für diese Gegenstände zu definieren. Eine erste Möglichkeit besteht darin, Locher, Tacker, Tesafilmabroller und sonstige Dinge auf dem Rollcontainer unterzubringen.

Schublade unterteilen

Wenn Sie die Hilfsmittel lieber in einer Schublade aufbewahren, dann lohnt es sich, diese Schublade durch Trennelemente zu unterteilen. Auf diese Weise entstehen Fächer für die Utensilien, die Sie darin verwahren. So hat alles *seinen* Platz, und alles hat *einen* Platz. Die Trennelemente verhindern auch das Verrutschen des Inhalts beim Öffnen und Schließen der Schublade.

Auch für Stifte und sonstige Dinge

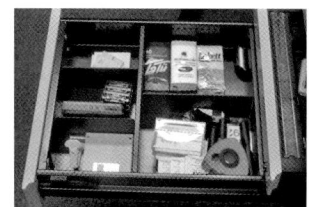 

Perfektionisten können die Schreibtischschublade mit Schaumstoff auskleiden. Aus dem Schaumstoff wird für jeden der Gegenstände ein Platz ausgeschnitten. Die Büroutensilien werden in die entsprechenden Vertiefungen abgelegt.

Mit Schaumstoff auskleiden

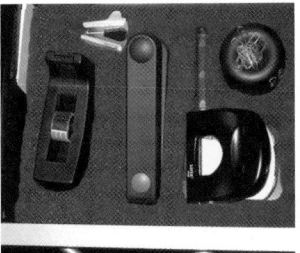 

Vertiefungen für alles, was gebraucht wird

Was der Tipp bewirkt

- Ihr Schreibtisch wird wieder ein Stück freier.
- Nach einer kurzen Eingewöhnungsphase greifen Sie ohne Nachdenken an den richtigen Platz – Suchzeiten entfallen.

Weniger Suchzeiten

- Sie wissen stets, wo die Dinge nach dem Gebrauch wieder hingestellt werden.
- Alle nötigen Werkzeuge sind genau einmal und nicht unnötigerweise mehrfach vorhanden.

Darauf kommt es an

- Alles, was Sie täglich benutzen, sollten Sie direkt greifen können, ohne aufstehen zu müssen.

Täglich

- Die Dinge, die Sie seltener brauchen (wöchentlich), sollten in der Nähe Ihres Arbeitsplatzes aufbewahrt werden. Es ist in Ordnung, wenn Sie aufstehen müssen.

Wöchentlich

- Was kaum gebraucht wird (monatlich oder noch seltener), sollte sich nicht in Ihrem Büro befinden. Benötigen Sie beispielsweise hin und wieder ein Laminiergerät, dann sollte dies in einem gemeinsam genutzten Raum oder Schrank aufbewahrt werden.

Seltener

2.4 Warum Sie nur ein Posteingangskörbchen brauchen

Mehrere Schalen *Viele Mitarbeiter arbeiten mit mehreren Ablageschalen.*

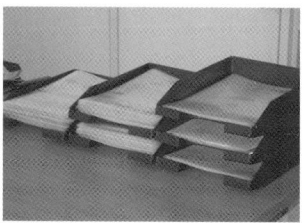

Unklar beschriftet *Diese sind zudem in manchen Fällen unklar beschriftet.*

Die Folge sind unnötige Suchzeiten und Stress.

So gehen Sie vor

- Arbeiten Sie nur mit *einer* Ablageschale. Diese fungiert als Posteingang und sammelt alle Unterlagen, die Ihnen zugehen.
- Beschriften Sie die Schale mit Ihrem Namen und ggf. Ihrer Abteilung. Dies erleichtert neuen Mitarbeitern, Aushilfen und Praktikanten die Orientierung.
- Sichten Sie Ihren Posteingang mindestens einmal pro Tag. Alles, was Sie innerhalb von fünf Minuten erledigen können, tun Sie sofort. Versehen Sie die anderen Vorgänge mit einem Termin und legen Sie die Unterlagen bis dahin in der Zwischenablage ab. Mit diesem Vorgehen schaffen Sie es, dass Ihr Posteingang leer ist, wenn Sie in den Feierabend gehen.

Lösung: Nur eine Schale nutzen

Darauf kommt es an

- Wenn Sie als Empfänger unterwegs sind, entbindet Sie das nicht von Ihrer Verantwortung. Sie müssen sicherstellen, dass Ihre Vertretung den Posteingang sichtet und das erledigt, was er erledigen kann. Wo dies nicht möglich ist, muss er Sie informieren oder sich mit dem Absender in Verbindung setzen, um das weitere Vorgehen zu besprechen.

  Vertretung regeln

- Wenn es ein Mitarbeiter dauerhaft nicht schafft, seinen Posteingang abzuarbeiten, ist dies ein Zeichen dafür, dass er überlastet ist. Jetzt gilt es, zwei Dinge zu tun:

  Zeichen für Überlastung

  1. Es ist zu analysieren, woran dies liegt. Meistens liegt es nicht daran, dass der Mitarbeiter nicht schnell genug ist. In aller Regel sind solche Staus ein Indikator dafür, dass die Prozesse nicht mehr passen. Das kann beispielsweise daran liegen, dass ein Bereich (zu) schnell wächst und die Strukturen noch nicht angepasst wurden.
  2. Es ist sicherzustellen, dass der Mitarbeiter bis zur Klärung der Ursache Unterstützung bekommt, damit keine Verzögerungen bei der Bearbeitung auftreten, die negative Auswirkungen auf den Gesamtprozess haben.

Was der Tipp bewirkt

- Ihr Schreibtisch wird dauerhaft leer sein. Das gilt selbst für Zeiten, in denen Sie für längere Zeit nicht im Büro sind. Nach Ihrer Rückkehr können Sie konzentriert einen Vorgang nach dem anderen bearbeiten, ohne zunächst aufräumen zu müssen.

  Dauerhaft leer

- Sie werden nicht abgelenkt durch Unterlagen, die nicht zu dem Vorgang gehören, den Sie aktuell bearbeiten.

Extra-Tipps

- Das Posteingangskörbchen sammelt nicht nur Briefe, sondern ist generell die Schnittstelle für alles, was Ihnen jemand geben möchte.

Regeln vereinbaren
- Vereinbaren Sie mit Ihren Kollegen Regeln, welche die Zusammenarbeit vereinfachen:
  - Wenn jemand ein Dokument für einen Kollegen hat, so wird dieses in das Posteingangskörbchen gelegt – und nicht auf den Tisch, auf den Stuhl oder auf den Boden.
  - Sobald das Dokument hineingelegt wurde, gilt es als zugestellt. Damit geht die Verantwortung für die Bearbeitung auf den Empfänger über.
  - Als Spielregel für die Durchlaufzeit können Sie beispielsweise 48 Stunden festlegen. Innerhalb dieser Zeit sollte der Vorgang bearbeitet sein oder zumindest ein Zwischenbescheid erfolgen, falls dies nicht möglich ist.
  - Diese Regeln gelten auch für den elektronischen Posteingang.
  - Wenn dies in Ihrer gesamten Organisation eingespielt ist, können Sie festlegen, die Antwortfrist zu verkürzen. Bei vielen meiner Kunden hat sich gezeigt, dass eine Halbierung auf 24 Stunden möglich ist. Jeder, der mit Ihrer Organisation zu tun hat, wird diese Beschleunigung spüren.

Service

Das Muster für ein Posteingangsschild erhalten Sie kostenlos unter www.für-immer-aufgeräumt.de

Hintergrund

Ablageschalen sind nur dann hilfreich, wenn sie Teil eines Prozesses sind. Für die Ablage von Dokumenten, an denen Sie im Moment nicht arbeiten, sind sie jedoch denkbar ungeeignet. Denn Ihre Ablage gehört *in* den Tisch oder *in* den Schrank, aber nicht *auf* den Tisch. *Auf* den Tisch gehört nur das eine Projekt, an dem Sie gerade arbeiten.

Schalen für Ablage ungeeignet

Wenn Sie Ihre Unterlagen gleich am richtigen Ort ablegen – Papierkorb, Lesestapel, Wiedervorlage und Zwischenablage –, dann dürften Sie weder einen Bedarf für viele dieser Schälchen noch Stapel auf dem Schreibtisch haben.

Gleich an den richtigen Ort

Das Posteingangsschälchen erfüllt die gleiche Funktion wie Ihr privater Briefkasten zu Hause, in den der Briefträger Ihre komplette Post einwirft. Wohin gehen Sie, wenn Sie zu Hause die Post holen (übrigens die ganze Post, nicht nur die Briefe, die Ihnen gerade zusagen)? Zum Briefkasten natürlich. Finden Sie die Post immer dort? Selbstverständlich.

Wie der private Briefkasten

Aber stellen Sie sich vor, sie hätten einen kreativen Postboten, der mit viel Einfallsreichtum Ihre Post jeden Tag an einem anderen Platz abliefert. Mal gibt er sie beim Nachbarn ab, mal findet er ein nettes Plätzchen für sie im Garten und wiederum ein anderes Mal versteckt er Ihre Post unter dem Schuhabstreifer. Was hätte das für Konsequenzen für Sie? Sie würden viel Zeit mit dem Suchen Ihrer Post verbringen, es käme zu Verzögerungen. Vielleicht würde sie bei der Ablage im Garten verschmutzt oder ginge ganz verloren. Ein Glück, dass Sie einen Briefkasten haben, in den der Postbote jeden Tag die Briefe steckt, und den Sie jeden Tag auch vollständig leeren.

Beim Briefkasten handelt es sich um die definierte Schnittstelle zwischen Ihnen und dem Briefträger. Was uns dieses Beispiel zeigt: Wenn Menschen miteinander zu tun haben, müssen Schnittstellen klar definiert werden. Dies gewährt eine reibungslose und effiziente Zusammenarbeit. Das gilt für den Privatbereich ebenso wie für das berufliche Umfeld.

Schnittstellen klar definieren

2.5 Bekämpfen Sie Lesestapel

Jeder bekommt mehr Informationen, als er verarbeiten kann. Deshalb bilden sich Stapel von Unterlagen, die man später noch lesen möchte.

Stapel auf dem Schreibtisch

Manche richten sich ein „Lesen"-Fach ein, um die Unterlagen an einem klar definierten Ort aufzubewahren und gleichzeitig den Schreibtisch frei zu halten.

Ein „Lesen"-Fach …

Die Absicht ist gut – und die Idee auch. Allerdings nur auf den ersten Blick, denn schon bald quillt das Fach über.

… quillt schnell über

So gehen Sie vor

Definieren Sie *im* Schrank oder Regal ein Fach, in dem solche Unterlagen gestapelt werden. Die Höhe des Zwischenbodens bestimmt die maximale Höhe des Stapels. Für Zugfahrten oder sonstige Wartezeiten können Sie einige Unterlagen mitnehmen. Was verarbeitet ist, wird weggeworfen oder abgelegt.

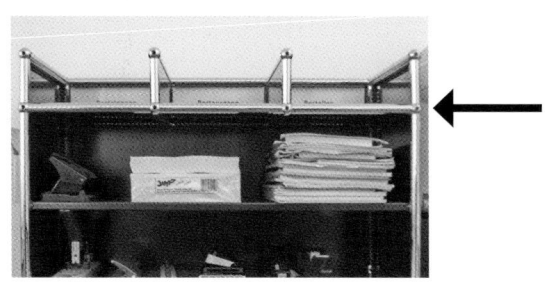

**Lösung:
Fach nach oben
begrenzen**

Darauf kommt es an

- Wenn der Stapel wächst (was die Regel sein wird), dann fangen Sie bitte keinen zweiten Stapel an, sondern machen Sie sich klar, dass es mehrere Tage in Anspruch nimmt, einen Stapel mit 30 bis 40 cm Höhe zu bearbeiten. Weil Sie diese Zeit nie haben werden, können Sie, wenn der Stapel voll ist, getrost die untersten 10 cm wegwerfen.

  Kein zweiter Stapel!

- Unterlagen, die zu einem bestimmten Projekt gehören, sollten Sie nicht hier, sondern beim zugehörigen Projekt einsortieren.

Extra-Tipps

- Der Stapel eignet sich auch für Unterlagen, die Sie wahrscheinlich nicht mehr brauchen, die Sie aber noch nicht wegwerfen möchten (etwa Unterlagen mit Notizen zur Bilanzerstellung, die eigentlich weggeworfen werden könnten, nachdem die Bilanz erstellt ist. Eventuell wollen Sie die Notizen aber noch einige Wochen aufbewahren). Hilfreich ist es in diesem Fall, wenn Sie auf den Unterlagen ein Datum notieren, wann die Dinge weggeworfen werden können.

  Auch für Notizen geeignet

- Im PC kann ebenfalls ein Ordner „Lesen" angelegt werden. Wichtig ist, dass alles gelöscht wird, was beispielsweise älter als drei Monate ist.

  Funktioniert auch im PC

2.6 Gebrauchen Sie eine zuverlässige Wiedervorlage

Terminsachen organisieren

Jeder hat mit Terminsachen zu tun – seien es Rechnungen, die pünktlich überwiesen werden müssen, Angebote, bei denen Sie in einer Woche nachfassen wollen oder Einladungen zu Veranstaltungen, die in einigen Wochen stattfinden. Ohne ein Wiedervorlagesystem verschwinden solche Unterlagen häufig in Stapeln oder Ablageschalen, wo sie dann aufwendig gesucht werden müssen.

So gehen Sie vor

Nutzen Sie ein Wiedervorlagesystem und entscheiden Sie sich für eine der beiden folgenden Möglichkeiten:

Alles in die Wiedervorlage …

1. Sie legen alle nötigen Dokumente in der Wiedervorlage ab.
   Vorteil: Sie haben zum Termin alles sofort zur Hand.
   Nachteil: Bei vielen Vorgängen wächst Ihre Wiedervorlage stark an.

… oder nur Zettel ablegen

2. Sie legen einen Zettel in die Wiedervorlage, auf dem Sie sowohl notieren, was geschehen soll, als auch den Standort der zugehörigen Unterlagen.
   Vorteil: Ihre Wiedervorlage bleibt schlank. Die Unterlagen befinden sich dort, wo sie inhaltlich hingehören und sind auch für Kollegen zugänglich.
   Nachteil: Sie müssen die Unterlagen vor dem Bearbeiten erst raussuchen.

Sie können beide Möglichkeiten kombinieren: Einzelblätter wie Rechnungen legen Sie in die Wiedervorlage, komplexe Akten wie Papiere der nächsten Strategiesitzung lagern Sie separat.

Sie können Pultordner nutzen:

Pultordner nutzen

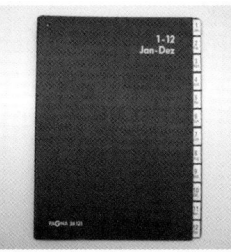

Pultordner für 12 Monate   Pultordner für 31 Tage

Der Nachteil von Pultordnern besteht darin, dass Sie einliegende Dokumente nicht mit einem Blick finden. Eine Alternative bietet das Wiedervorlagesystem von MAPPEI (www.mappei.de). Es besteht aus Tages- und Monatsmappen, die in eine Box gestellt werden. Der aktuelle Tag steht immer vorne.

Pultordner oder MAPPEI-System

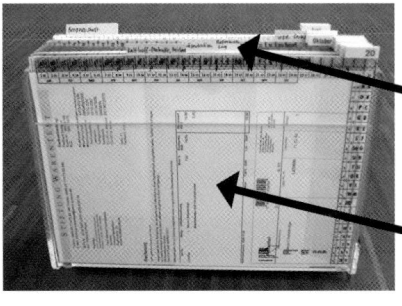

Vorgangsmappen werden vor den jeweiligen Tag gestellt und wandern automatisch mit nach vorn.

Vorgangsmappen

Rechnungen etc. kommen in die transparenten Tagesmappen.

Tagesmappen

Hineingestellte Vorgangsmappen sind bei MAPPEI auf einen Blick erkennbar und mit einem Griff zu entnehmen.

Was der Tipp bewirkt
- Sie vergessen keine Terminsachen mehr.
- Es geraten nur diejenigen Dokumente und Aufgaben in Ihr Blickfeld, die Sie heute brauchen.
- Ihre Vertretung findet sich schnell zurecht.

Nichts vergessen

Gut für die Vertretung

Darauf kommt es an
- Arbeiten Sie die Dokumente des aktuellen Tages auch wirklich ab. Wenn Ihr Wiedervorlagesystem immer dicker wird, weil Sie es zum Aufschieben benutzen, missbrauchen Sie es.
- Achten Sie beim Vereinbaren darauf, möglichst genaue Termine festzulegen. „So schnell wie möglich" funktioniert nicht.

Extra-Tipp
Sie können Ihre Wiedervorlage auch mit einem Zeitplanbuch organisieren. Dazu notieren Sie am jeweiligen Tag die Aufgabe und den Standort der Akte. Das ist dann sinnvoll, wenn Sie nur wenige Vorgänge für die Wiedervorlage haben und sich nur an die Bearbeitung erinnern lassen wollen, ohne die Dokumente zu verwalten.

Wiedervorlage per Zeitplanbuch

2.7 Verbessern Sie die Zwischenablage laufender Projekte

Laufende Projekte *Unterlagen für laufende Projekte stapeln sich oftmals auf dem Schreibtisch. In den Stapeln befinden sich auch veraltete Unterlagen, die abgelegt oder entsorgt werden könnten.*

**Stapel auf dem
Schreibtisch**

So gehen Sie vor

Die Zwischenablage gehört nicht *auf* den Tisch, sondern *in* oder *neben* den Tisch.

Pultordner nutzen

Wenn Sie nur sehr wenige Unterlagen zu verwalten haben, können Sie diese in einem Pultordner aufbewahren. Befestigen Sie außen eine Folie für das Inhaltsverzeichnis, oder legen Sie dieses in das erste Fach des Pultordners.

Kurze Verweildauer Der Vorteil dieses Vorgehens besteht darin, dass Sie den Pultordner mit Ihren aktuellen Vorgängen leicht auf Reisen mitnehmen können. Der Pultordner eignet sich vor allem für Dokumente mit kurzer Verweildauer, etwa zum Vorsortieren von Unterlagen, die Sie mit in eine Sitzung nehmen möchten.

**Nicht auf den
Schreibtisch legen** Idealerweise bringen Sie den Ordner nicht auf Ihrem Schreibtisch unter, sondern in einer Schublade oder auf dem Rollcontainer.

Sie können sich auch eine zweite Wiedervorlagebox anschaffen – im Foto sehen Sie eine von Leitz – und diese zweckentfremden. Aus den Tagesmappen werden dann Projektmappen.

Wiedervorlagebox zweckentfremden

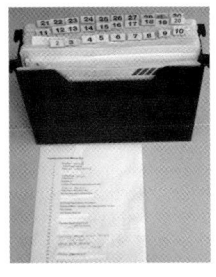

Legen Sie die Unterlagen eines laufenden Projektes in die zugehörige Mappe. Ein vorn in die Box gelegtes Inhaltsverzeichnis gibt den nötigen Überblick.

Die Box können Sie in die Schreibtischschublade hängen oder in den Rollcontainer stellen. Ist der Vorgang erledigt, werden die Papiere abgelegt oder entsorgt.

Gut für wenige und zeitlich begrenzte Projekte

Dieses Vorgehen eignet sich nur für zeitlich begrenzte Projekte, von denen Sie maximal 31 gleichzeitig bewältigen müssen und bei denen wenige Papiere anfallen.

Müssen Sie viele laufende Akten in der Zwischenablage parat haben, dann nutzen Sie dazu möglicherweise Aktenordner. Achten Sie in diesem Fall darauf, dass Sie Ordner, die Sie häufig brauchen, in der Nähe Ihres Arbeitsplatzes aufbewahren. So sparen Sie auf Dauer gesehen viel Zeit.

Aktenordner in Greifnähe aufbewahren

Ordner am Schreibtisch

Sie können Unterlagen für laufende Projekte auch gut mit beschrifteten Hängeregistermappen im Rollcontainer organisieren.

Hängemappen ...

... im Rollcontainer

Pro Projekt eine Mappe Auch das MAPPEI-System eignet sich sehr gut für die Zwischenablage laufender Projekte. Sie können für jedes Pojekt eine eigene Mappe anlegen. Dies lohnt sich vor allem bei Vorgängen, die Sie mit hoher Wahrscheinlichkeit aufbewahren müssen.

Projekte differenzieren Die Ablage mithilfe solcher Mappen eignet sich auch für umfangreiche Papiermengen. Wachsen die Projekte, differenzieren Sie und legen für einzelne Bestandteile wie Kalkulation, Korrespondenz und Verträge eigene Mappen an. Diese fassen Sie dann in einer projektbezogenen Box zusammen.

Projektbezogene Box

Vorteil: Schnelles Archivieren Im Vergleich zur zweckentfremdeten Wiedervorlagebox besteht der Vorteil darin, dass Sie beim Archivieren die zugehörigen Mappen einfach nehmen und ins Archiv einordnen können.

Was der Tipp bewirkt
- Ihr Schreibtisch bleibt frei für den Vorgang, an dem Sie gerade arbeiten.

Arbeit aus dem Blickfeld
- Die insgesamt zu erledigende Arbeit wandert aus Ihrem Blickfeld. Sie wird dadurch zwar nicht weniger, aber es wird Ihnen sofort besser gehen.

Darauf kommt es an
- Ganz gleich, für welches System Sie sich entscheiden: Die Akten müssen sich *nahe am* Schreibtisch befinden, aber niemals *auf* dem Schreibtisch.

Maximal eine Minute
- Organisieren Sie die Zwischenablage so gut, dass Sie jeden benötigten Vorgang innerhalb einer Minute finden.
- Das System muss so beschaffen sein, dass es Ihnen einerseits leichtfällt, ein einzelnes Blatt in einer Akte abzulegen und dass es andererseits auch möglich ist, komplexere Projekte mit vielen aktuellen Unterlagen zugänglich zu halten.

2.8 So stellen Sie sich der täglichen E-Mail-Flut

Die Zahl der E-Mails nimmt rasant zu. Der Umgang mit ihnen kostet mehr und mehr Zeit.

E-Mails kosten Zeit

So gehen Sie vor

- Bearbeiten Sie E-Mails nicht ständig, sondern nur ein- bis zweimal am Tag. Legen Sie dazu Zeiten fest (etwa vor der Mittagspause und abends, bevor Sie nach Hause gehen).

- Wenn Ihr Computer bei eingehenden Mails eine Meldung von sich gibt – egal ob akustisch oder optisch –, so schalten Sie diese aus, um nicht abgelenkt zu werden. **Meldung abschalten**

- Wenn Sie Mails abrufen und die Beantwortung einer Mail weniger als fünf Minuten in Anspruch nimmt, dann antworten Sie sofort. Ansonsten planen Sie die Erledigung der Aufgabe und tragen Sie sich den Termin ein.

- Nutzen Sie die Autosignatur nicht nur für Ihre Kontaktdaten wie Name, Abteilung, Adresse und Rufnummer, sondern nutzen Sie diese Funktion auch, um kurze und dezente Hinweise auf neue Produkte etc. zu versenden. **Autosignatur nutzen**

- Schreiben Sie kurze Mails mit nur einem Thema pro Mail. So kann Ihr Gegenüber rasch antworten. Wenn Sie fünf Punkte zusammenfassen, bekommen Sie die Antwort oft erst dann, wenn alle fünf Punkte geklärt sind. **Ein Thema pro Mail**

- Sind Sie außer Haus, schalten Sie die Abwesenheitsfunktion ein, um den Absender entsprechend zu informieren.

- Behandeln Sie Ihren elektronischen Posteingang so wie Ihr Posteingangskörbchen: Am Abend sind die eingegangenen Nachrichten abgearbeitet bzw. in zugehörige Ordner verschoben und terminiert.

- Bei sehr kurzen Nachrichten reicht es, die Nachricht in die Betreffzeile zu schreiben. Um anzuzeigen, dass die Mail nicht geöffnet werden muss, schließen Sie den Betreff mit /// oder mit EOM (End Of Mail).

Service

Unter www.für-immer-aufgeräumt.de finden Sie einen Gratis-Download, der zeigt, wie Sie bei MS Outlook eine Autosignatur einrichten.

Spielregeln für alle

Persönliche Arbeitsweise

Zu Beginn des Kapitels steht der bekannte Spruch von Albert Einstein „Das Genie beherrscht das Chaos". Diese Aussage ist auch richtig. Allerdings möchte ich sie präzisieren: „Das Genie beherrscht *sein* Chaos." Daher ist es zunächst einmal Ihre persönliche Angelegenheit, wie Sie Ihren Arbeitsplatz organisieren.

Vertretung muss sich orientieren können

Im Berufsalltag ist allerdings so, dass es nicht ausreicht, wenn Sie sich allein schnell und sicher an Ihrem Schreibtisch zurechtfinden. Auch Ihre Vertretung sollte sich problemlos an Ihrem Arbeitsplatz orientieren können. Das ist deshalb wichtig, weil es sich heute keine Organisation mehr leisten kann, Vorgänge liegen zu lassen, nur weil jemand krank oder im Urlaub ist, oder sich aus sonstigen Gründen nicht im Büro befindet.

Vereinbaren Sie daher gemeinsam Spielregeln, die in Ihrer Abteilung oder im gesamten Unternehmen gelten.

Beispiel: Spielregeln im Büro

Spielregeln in unserem Büro

1. Boden als Ablagefläche
Folgende Dinge dürfen auf dem Fußboden stehen: Computer, Altpapierkiste, Mülleimer, eine Tasche, ein Paar Schuhe.

2. Ablageschalen
Wir streben an, nur eine Ablageschale pro Arbeitsplatz zu haben. Die Ablageschale ist ein Teil des Arbeitsprozesses und dient als Ort für den internen und externen Posteingang – jedoch nicht zur Ablage. Der Posteingang sollte abends leer sein.

3. Schreibtischregelung
Abends liegen auf den Schreibtischen keine Papierstapel. Eine Notizzettelbox ist davon natürlich nicht betroffen.

4. Sichtbuch
Häufig benötigte Informationen werden nicht auf Post-its oder Schreibtischunterlagen notiert, sondern in einem Sichtbuch festgehalten.

5. Interne Verteilung von Unterlagen
Es wird kein Blatt ohne Namen und Datum in Umlauf gegeben.

6. Angabe über Speicherort für Computerdateien
Auf jedem Dokument wird der Pfad plus Name ausgedruckt.

7. Handypflicht
Wer unterwegs ist, nimmt sein Handy mit oder schaltet die Mailbox ein.

Service
Weitere Checklisten gemeinsam vereinbarter Spielregeln bietet das *Handbuch Büro-Kaizen* (s. S. 158: *Tipps zum Weiterlesen*).

Wenn Sie *Spielregeln für Einzelarbeitsplätze* vereinbart haben, können Sie einen Schritt weitergehen. Auf Seite 15 habe ich die Lean-Office-Studie des Fraunhofer-Instituts erwähnt, in der es heißt, dass die Hälfte der Verschwendung durch schlecht abgestimmte Prozesse verursacht wird. Hier setzen *arbeitsplatzübergreifende Spielregeln* an. Es ist möglich und nötig, Spielregeln für funktionierende Prozessketten zu entwickeln. **Funktionierende Prozessketten**

Dabei ist es hilfreich, eine bestimmte Aufgabe nicht nur aus seiner eigenen Perspektive zu betrachten, sondern in Lieferanten-Kunden-Verhältnissen zu denken. Das funktioniert auch unternehmensintern, denn bei allem, was Sie tun, bauen Sie auf Vorleistungen auf, die sie von (internen oder externen) Lieferanten beziehen. Die Ergebnisse Ihrer Arbeit geben Sie an Ihre (internen oder externen) Kunden weiter. Je besser Sie die Prozesskette abgestimmt – also standardisiert – haben, desto reibungsloser wird die Zusammenarbeit funktionieren. **Lieferanten-Kunden-Verhältnis**

Nachdem Sie auf den vorherigen Seiten mögliche Spielregeln für Ihren Einzelarbeitsplatz kennengelernt haben, geht es daher auf den folgenden Seiten um solche Spielregeln, die die Zusammenarbeit mehrerer Mitarbeiter erleichtern. Schauen Sie sich die Vorschläge an und entscheiden Sie anschließend gemeinsam, welche Spielregeln von nun an für alle gelten sollen. **Zusammenarbeit erleichtern**

Darauf kommt es an
- Spielregeln sollten nicht einfach vom Vorgesetzten vorgegeben, sondern gemeinsam mit den Mitarbeitern vereinbart werden. Zudem ist es ist gut, wenn es ein Vetorecht gibt. Dieses Vorgehen macht es wahrscheinlicher, dass sich die Mitarbeiter auch an die Spielregeln halten. **Nicht vorgeben, sondern vereinbaren**
- Hängen Sie die vereinbarten Spielregeln an einer gut sichtbaren Stelle aus – zum Beispiel am Kopierer –, damit sie immer wieder ins Bewusstsein gelangen. **Sichtbar aushängen**
- Machen Sie neue Mitarbeiter mit den Spielregeln vertraut.

2.9 So gehen Sie mit Fax und Kopierer clever um

Ziel:
Keine Unterbrechungen

Fax und Kopierer sind heute unentbehrliche Helfer im Büroalltag, die häufig gemeinschaftlich genutzt werden. Es ist wichtig, dass sie ohne Unterbrechung funktionieren.

So gehen Sie vor
Schließen Sie für Fax und Kopierer Wartungsverträge ab oder legen Sie fest, wer für das Gerät verantwortlich ist.

Was der Tipp bewirkt
Vorbeugende Wartung

Sie werden nicht erst aktiv, wenn etwas nicht in Ordnung ist, sondern Sie betreiben *vorbeugende* Wartung.

Darauf kommt es an
Wartungsliste aushängen

Hängen Sie an den Geräten eine Übersicht aus, damit sofort klar ist, wer bei einem Problem helfen kann.

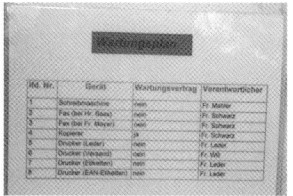

Mangel an Nachschub

In manchen Unternehmen geht das Kopierpapier aus und es ist kein Nachschub vorhanden. Oder der Nachschub ist an ungeeigneten Stellen gelagert.

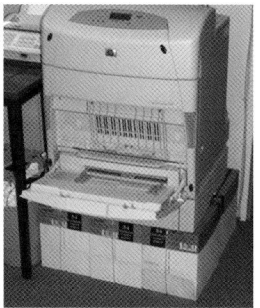

So gehen Sie vor
Lagern Sie das Kopierpapier direkt am Gerät. Auf das unterste Paket legen Sie eine Kanban-Karte (siehe Kapitel 3.1), mit der neues Papier bestellt wird.

Es soll Büros geben, in denen Faxe nicht ankommen, weil das Papier im Gerät ausgegangen ist. **Papier geht aus**

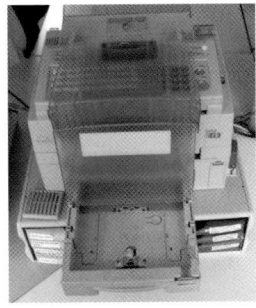

So gehen Sie vor
Sie können es sich zur Gewohnheit machen, das Faxgerät in regelmäßigen Abständen aufzufüllen – etwa immer abends, bevor Sie das Büro verlassen. Eine andere Möglichkeit besteht darin, etwa einen Zentimeter vor Ende des Stapels ein andersfarbiges Blatt einzulegen. Sie wissen dann sofort, dass das Papier zur Neige geht und aufgefüllt werden muss.

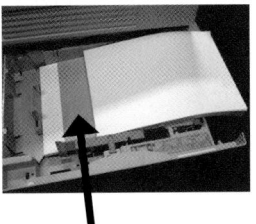

Farbiges Blatt einlegen

Faxnummer nicht zur Hand

Sie bitten einen Kollegen oder eine Aushilfskraft, etwas zu faxen oder kennen die Faxnummer des Empfängers selbst nicht.

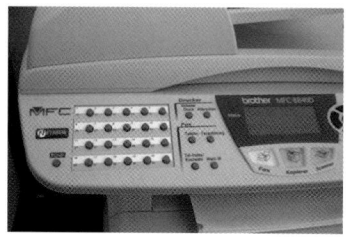

So gehen Sie vor

Hängen Sie am Faxgerät eine Liste aller eingespeicherten und sonstigen, häufig verwendeten Nummern auf. Das verhindert Suchzeiten.

Liste häufiger Nummern aushängen

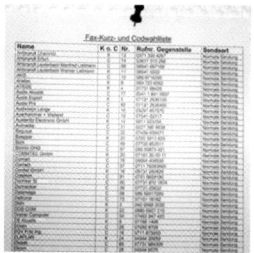

Noch professioneller ist es, die Informationen in einem Ständer an der Wand zu befestigen.

An der Wand befestigen

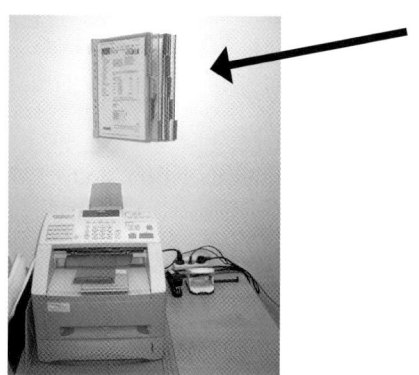

2.10 Nutzen Sie Büroutensilien gemeinsam

Es gibt bestimmte Gegenstände, Werkzeuge, Hilfsmittel oder auch Schlüssel, die gemeinsam genutzt werden. Wenn klare Regelungen fehlen, kommt es vor, das solche Dinge an ungeeigneten Orten abgestellt werden oder sogar – unbeabsichtigt – verschwinden und Suchzeiten entstehen.

Ungeeignete Lagerung

Schlecht aufbewahrt

So gehen Sie vor

Gibt es am Kopierer Geräte wie Allgemeinlocher und Allgemeintacker, dann markieren Sie den Abstellplatz mit einem Klebeband (Foto links). Legen Sie Schlüssel in einer eindeutig beschrifteten Schlüsselbox ab (Foto rechts).

Plätze kennzeichnen, Schlüsselbox nutzen

Was der Tipp bewirkt

■ Es entsteht Ordnung nach dem Motto: „Alles hat *einen* Platz, alles hat *seinen* Platz."

■ Das Klebeband zeigt an, wo das Gerät hingehört. Wenn der Gegenstand bisher gelegentlich von Kollegen entfernt wurde, um ihn beispielsweise am eigenen Arbeitsplatz zu nutzen, ohne ihn zurückzustellen, ist nun dazu die Hemmschwelle höher.

Höhere Hemmschwelle

2.11 Organisieren Sie Digitalkamera und Kabel

Kein Platz definiert *Für gemeinsam genutzte Geräte wie die Digitalkamera gibt es oft keine festen Plätze im Büro. Das hat Suchzeiten und Störungen zur Folge, da derjenige, der die Kamera sucht, Kollegen fragen muss.*

 So gehen Sie vor
Definieren Sie einen Platz für diese Dinge und hängen Sie eine Entnahmeliste daneben. Such- und Aufräumzeiten entfallen.

Eindeutiger Ort

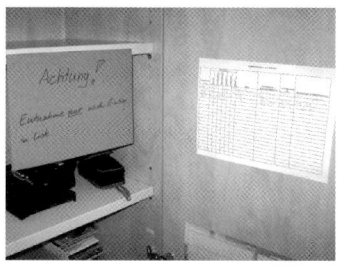

Manche Geräte benötigt man nicht nur einmal, sondern mehrfach. Da jeder Hersteller eine eigene Bediensystematik verwendet, muss sich der Benutzer jedes Mal neu eindenken.

Mehrere unterschiedliche Geräte

So gehen Sie vor

Verwenden Sie gleichartige Geräte *eines* Herstellers, etwa bei einem Neukauf das Nachfolgemodell der Ihnen bereits bekannten Kamera. Lernzeiten werden deutlich kürzer, und Bedienfehler reduzieren sich.

Extra-Tipp

Dieser Tipp ist nicht nur bei Digitalkameras nützlich, sondern bei allen technischen Geräten, seien es Mobil- oder Festnetztelefone, Faxgeräte oder Kopierer.

Bei allen technischen Geräten nützlich

In Schränken und unter Tischen liegen und hängen Kabel und Ladegeräte. Es ist oft nicht klar, wozu sie gehören. Beim Umzug müssen die Kabel ausgesteckt und an einem anderen Platz wieder eingesteckt werden. Die Frage ist dann, welche Kabel wohin gehören.

Kabelsalat

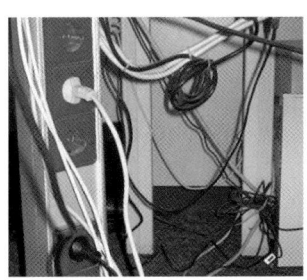

So gehen Sie vor

Beschriften Sie alle Kabel, auch die unter dem Tisch. Sie können zusätzlich Farben verwenden (Stromkabel etwa immer blau, Datenkabel immer rot).

Kabel kennzeichnen

Extra-Tipp

Kennzeichnen Sie neue Ladegeräte und sämtliche Kabel sofort nach dem Kauf, denn dann wissen Sie noch, zu welchem Gerät sie gehören.

2.12 Gestalten Sie Ihr Archiv platzsparender

Überfüllt und unübersichtlich

Sind die Dokumente abschließend bearbeitet, wandern sie von Ihrem Arbeitsplatz ins Archiv. Dort müssen viele Unterlagen bis zu zehn Jahre nach Abschluss eines Geschäftsjahres aufbewahrt werden. Die Folgen: Das Archiv ist rasch voll, selbst Wege werden zugestellt, die Übersicht geht verloren.

Typisches Archiv

So gehen Sie vor

Die Ablage im Archiv kann so organisiert werden, dass bestimmte Jahre in definierten und beschrifteten Regalreihen untergebracht werden. Ist die Aufbewahrungsfrist abgelaufen, kann die komplette Regalreihe entsorgt und mit den neuen Akten bestückt werden. Durch diese rollierende Archivierung stellen Sie sicher, dass keine Unterlagen unnötig aufbewahrt werden.

Rollierende Archivierung

Service
Eine Übersicht der gesetzlichen Aufbewahrungsfristen finden
Sie kostenlos unter www.für-immer-aufgeräumt.de

Ist die Wahrscheinlichkeit sehr gering, dass Sie die Unterlagen
noch einmal benötigen, können Sie die Akten auch in Kartons
ablegen. Lagern Sie diese aber nicht nebeneinander auf dem
Fußboden, sondern stapeln Sie die Kartons bis zur Decke.

Lagerung in Kartons

Bis zur Decke stapeln

*Traditionell werden häufig Aktenordner zur Ablage genutzt. Aller-
dings ist die Handhabung von Ordnern nicht ideal: Durch die
Mechanik geht Platz verloren, der sich bei vielen Ordnern entsprechend summiert.*

Traditionelle Ablage

**Ordner verschenken
viel Platz**

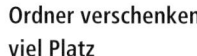

So gehen Sie vor
In solchen Fällen lohnt es sich zu prüfen, ob sich die Umstellung
auf ein anderes Ablagesystem lohnt, weil dadurch viel Platz und
Zeit eingespart wird.

Umstellung auf Mappen

Einige meiner Kunden haben die Organisation ihrer Aufträge so auf das MAPPEI-System (www.mappei.de) umgestellt, dass sie pro Auftrag eine Mappe verwenden. Diese wird anschließend in Kartons abgelegt, die mit Datum (von–bis) und Auftragsnummer (von–bis) beschriftet werden.

Mappenablage in Kartons

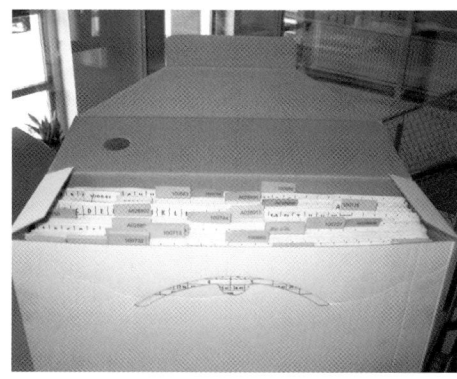

Was der Tipp bewirkt

Mehr Akten bei gleicher Fläche

- Die Kartons sind wegen der fehlenden Mechanik kompakter als die Ordner. Deshalb können auf einer kleineren Fläche mehr Unterlagen abgelegt werden.
- Im Archiv konnten zahlreiche Regale geräumt werden.
- Die Unterlagen in den Mappen brauchen nicht mehr gelocht und in die Ordnermechanik eingeheftet werden, was eine spürbare Zeitersparnis bedeutet.
- Dadurch, dass Auftragsnummer und Datum auf dem Karton stehen, ist die Zugriffszeit kürzer. Bisher war das einzige Suchkriterium das Datum.
- Durch dieses Vorgehen konnte bei einem Kunden das Büromaterial von ausgelagerten Schränken in das Hauptbüro integriert werden. Damit verbunden war eine automatische Beaufsichtigung der Entnahme, was in diesem Bereich gewisse Einsparungen zur Folge hatte.

Reduzierte Suchzeiten

- Im Zusammenhang mit der Ablage wurden bei diesem Beratungsprojekt auch Bereiche für die Zwischenablage laufender Vorgänge geschaffen. Diese erhöhten die Übersichtlichkeit spürbar. Ergebnis war eine signifikante Reduzierung von Suchzeiten.

In manchen Büros, beispielsweise von einigen Rechtsanwälten und **Liegende**
Steuerberatern, werden umfangreiche Kundenakten nicht in Akten- **Archivierung …**
ordnern, sondern liegend archiviert. Da die Unterlagen bei Bedarf
nicht mit einem Griff zugänglich sind, führt dies zu Suchzeiten.

… führt zu
Suchzeiten

So gehen Sie vor

Auch hier lohnt es sich zu prüfen, ob sich die Umstellung auf ein
anderes Ablagesystem lohnt. In diesem Fall steht allerdings eher
die Zeitersparnis im Vordergrund.

Papiere von Mandanten können in Kartons und Mappen des **Kaum Such-**
MAPPEI-Systems aufbewahrt werden. Erfolgt die Ablage zen- **und Zugriffszeiten**
tral, können alle Mitarbeiter darauf zugreifen. Die Übersichtlichkeit steigt. Sind die Kartons gut beschriftet, entfallen die
Suchzeiten. Weil jede Mappe mit einem Griff entnommen werden kann, reduzieren sich die Zugriffszeiten auf ein Minimum.

Übersichtliche
Mandantenakten

Alle sollen schnell finden

Es kommt darauf an, dass nicht nur Sie selbst, sondern auch Ihre Kollegen die archivierten Unterlagen bei Bedarf schnell finden.

So gehen Sie vor

Wenn Sie ein Ablagesystem schaffen wollen, das sowohl im Archiv als auch im Computer und in der Buchhaltung durchgängig funktioniert, können Sie mit einer Kombination von Kunden- und Projektnummern arbeiten. Der erste Teil der Nummer bezeichnet den Kunden, der zweite die Nummer des Auftrags.

Kombinierte Kunden- und Projektnummer

Angenommen, Sie haben maximal 1.000 Kunden und maximal 1.000 Projekte bzw. Aufträge pro Kunde. Die Nummer könnte dann sechs Stellen haben, die durch einen Punkt getrennt sind. Die Nummer 023.004 zeigt dann an, dass es sich um das vierte Projekt bzw. den vierten Auftrag des Kunden Nr. 023 handelt.

Die eindeutige Nummer kann dann auf vielfältige Weise verwendet werden:

▨ als Rechnungsnummer (sofern Ihre Software dies zulässt)

Rechnungsnummer

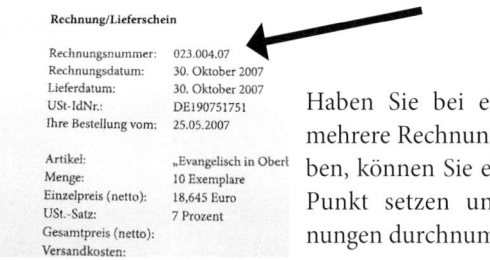

Haben Sie bei einem Projekt mehrere Rechnungen zu schreiben, können Sie einen weiteren Punkt setzen und die Rechnungen durchnummerieren.

▨ zur Kennzeichnung der Akte

Aktennummer

Arbeiten Sie mit MAPPEI, stellen Sie vor die Mappen des Projektes eine entsprechend beschriftete Leitkarte.

- als Bezeichnung des Ordners im Computer

Ordner im Computer

Auch wenn Sie diesen Tipp nicht aufgreifen, sollte sich Ihr Ablagesystem sowohl im Computer als auch in Papierform an einer einheitlichen Ablagestruktur orientieren.

Einheitliche Struktur

Extra-Tipps

- Oft reicht es aus, mit den im Computer gespeicherten Daten zu arbeiten. Wo immer Sie auf eine doppelte Ablage in Papierform verzichten können, sollten Sie dies tun.

Doppelablage vermeiden

- Da es immer mehrere Möglichkeiten gibt, etwas im Computersystem abzulegen, sollten auf allen ausschließlich intern verwendeten Dokumenten der Dateiname und der Dateipfad angegeben werden. Das reduziert Suchzeiten.

Dateipfad angeben

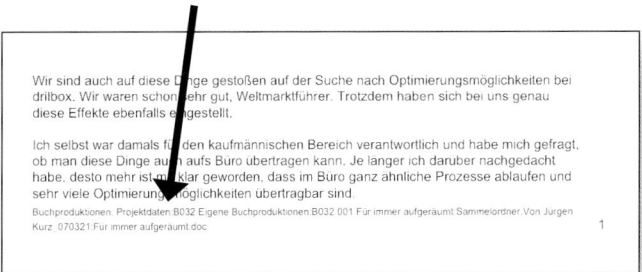

Dateipfad auf Dokumenten

Übrigens: Viele meiner Seminarteilnehmer sind der Meinung, dass auch auf externen Dokumenten ein Dateipfad stehen darf.

Service

Weitere Anregungen zur Organisation eines Ablagesystems finden Sie unter www.für-immer-aufgeräumt.de als Gratis-Download.

2.13 Tipps für gemeinsam genutzte Schränke und Räume

Neben den Büros und Arbeitsplätzen der Mitarbeiter, die in der Regel von ein und der selben Person genutzt werden, gibt es in den meisten Büros auch gemeinsam genutzte Schränke und Räume. Hier entsteht schnell Unordnung.

Kosten durch Suchzeiten

Unordnung im Büromaterialschrank

So sieht es in Büromaterialschränken oftmals unübersichtlich aus. Stifte, Textmarker, leere Ordner und andere Materialien befinden sich in verschiedenen Fächern, ohne dass eine durchdachte Struktur erkennbar wäre. Büromaterial kostet oft wenig, verursacht aber bei schlechter Organisation durch Suchzeiten hohe Kosten.

So gehen Sie vor

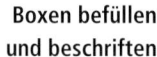

Bringen Sie Büromaterial in passenden Boxen unter, die übersichtlich eingeräumt und gut beschriftet sind.

Boxen befüllen und beschriften

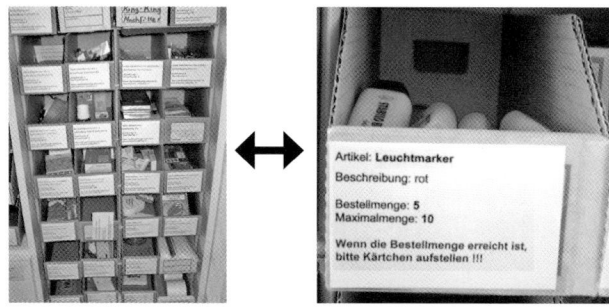

Extra-Tipp

Vom Baumarkt und Supermarkt lernen

Achten Sie bei Ihrem nächsten Besuch im Baumarkt oder im Supermarkt darauf, wie die Produkte gelagert und präsentiert werden. Hier können Sie manche Anregung gewinnen.

Bücher (Foto links) und Kataloge (Foto rechts) werden häufig ohne System aufbewahrt. Es kommt vor, dass Unterlagen veraltet sind, doppelt oder dreifach gelagert werden oder bei Bedarf gar nicht gefunden werden.

Platz- und Zeitverschwendung

Keine Übersicht bei Büchern und Katalogen

So gehen Sie vor
Legen Sie einen gemeinsam genutzten Schrank an, in dem Sie die Fachliteratur oder die Kataloge aufbewahren, beispielsweise alphabetisch geordnet. Das Potenzial der eingesparten Zeit ist umso größer, je mehr Mitarbeiter auf die Inhalte des Schrankes zugreifen müssen.

Unterlagen sinnvoll ordnen

Extra-Tipps
- Beschriften Sie die Regalböden
- Bringen Sie an die Innenseite der Schranktür ein Inhaltsverzeichnis an.

Mehr Übersicht durch Beschriftung

Unschön und unpraktisch

In vielen Büros werden Pläne, Flipchartpapier oder verschiedene Muster benötigt. Diese Materialien haben oft keinen festen Platz und stehen deshalb in Ecken oder hinter Türen. Das sieht nicht nur unordentlich aus, sondern erschwert auch den Zugriff.

Pläne, Flipchartpapier, Muster

So gehen Sie vor

Lagern Sie Pläne und Flipchartpapiere in länglichen Kartons. Es gibt Kartons, bei denen Sie den Deckel beschriften können (Foto links unten). Das verkürzt die Zugriffszeiten. Muster können Sie in einem eigens dazu bestimmten Musterschrank aufbewahren. Dann ist jedes Muster mit einem Griff zugänglich, und Schrankoberseiten, Fußböden sowie Tische bleiben frei.

Kartons und Schränke befüllen und beschriften

In Büros gibt es zwar häufig eine Küche. Deutlich seltener sind dagegen geregelte Abläufe anzutreffen, was die Küchenbenutzung angeht. Dies erzeugt in vielen Fällen einen gewissen Unfrieden, da immer die gleichen Kolleg(inn)en aufräumen müssen oder eben niemand Ordnung herstellt.

Geregelte Abläufe fehlen oft

Chaos in der Küche

So gehen Sie vor
Einigen Sie sich im Kollegenkreis auf eine Küchenordnung, die Sie gemeinsam verabschieden, aufschreiben, aushängen und befolgen.

Beispiel: Auszug aus einer Küchenordnung

Getränke- und Küchenordnung

Um unsere Praktikanten und Lehrlinge nicht zum „Küchen-mädchen" umschulen zu müssen, bitten wir Sie, von der folgenden Regelung Kenntnis zu nehmen und sie zu befolgen.

1. Kaffee
– Jeder Mitarbeiter ist für das Mitbringen einer Kaffeetasse selbst verantwortlich.
– Nach Gebrauch sind die Tassen in den Geschirrspüler zu stellen.

2. Gäste
– Für Gäste im Büro wird Kaffee im „Porzellan" serviert.
– Für Gäste im Betrieb oder im Schulungsraum wird Kaffee entweder mit Thermoskrug in Einweggeschirr oder ab Getränkeautomat bezogen.

...

Service
Unter www.für-immer-aufgeräumt.de finden Sie Muster für Küchenordnungen als Gratis-Downloads.

**Fragen zur
Besucherbewirtung**

Werden Besucher bewirtet, stellen sich oft Fragen wie: Welche Arten und Mengen an Getränken werden benötigt? Welcher Besprechungsraum ist geeignet? Wie viele Personen nehmen teil? Werden solche Fragen nicht systematisch abgearbeitet, kann schnell ein wichtiger Punkt übersehen werden.

So gehen Sie vor
Arbeiten Sie mit einer Checkliste, die Ihnen alle wichtigen Fragen stellt und – wo es möglich ist – auch bereits beantwortet.

Service
Unter www.für-immer-aufgeräumt.de finden Sie kostenlose Checklisten für die Bewirtung von Besuchern.

Extra-Tipps

Sichtbuch nutzen

- Bewahren Sie diese Checkliste im allgemeinen Sichtbuch an Ihrem Arbeitsplatz auf.

Mit Kanban steuern

- Falls Ihr Unternehmen zu klein ist, um einen Snack-Automaten aufzustellen, kann in der Küche ein Sortiment an Süßigkeiten bereitgestellt werden. Die Bestandsüberwachung kann über Kanban erfolgen (siehe Kapitel 3.1).

**Sortiment
in der Küche lagern**

Für allgemein genutzte Räume wie etwa Besprechungszimmer oder Kopierräume sind in vielen Fällen keine klaren Zuständigkeiten festgelegt. Fehlt etwas oder ist etwas defekt, entstehen durch diesen Missstand Unannehmlichkeiten.

Probleme im Besprechungszimmer

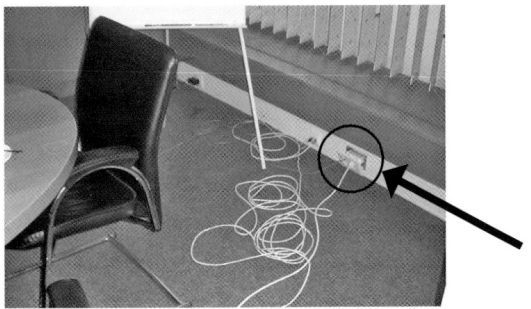

So gehen Sie vor
Verteilen Sie die Verantwortlichkeiten für die gemeinsam genutzten Räume unter sich im Kollegenkreis und verabschieden Sie Spielregeln. Dazu gehört beispielsweise die Festlegung, welche Grundausrüstung im Besprechungszimmer oder im Kopierraum vorhanden sein muss. Die verantwortlichen Personen haben fortan die Einhaltung der Spielregeln sicherzustellen.

Zuständigkeit festlegen und visualisieren

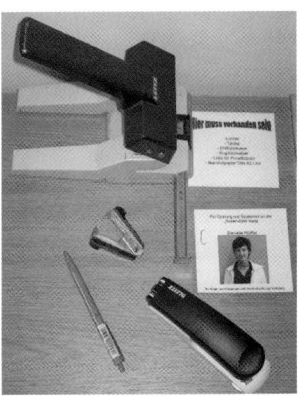

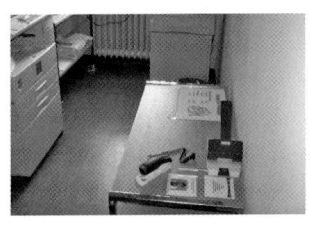

Service
Unter www.für-immer-aufgeräumt.de finden Sie ein Muster für die Grundausrüstung von Besprechungszimmern.

2.14 Arbeiten Sie mit Checklisten und Formularen

Bei vielen Aufgaben stellt sich die Frage, ob auch tatsächlich an alles gedacht wurde.

So gehen Sie vor

Halten Sie bei Tätigkeiten, die schematisch durchgeführt werden können, auf Checklisten die Punkte fest, auf die es bei solchen Aufgaben ankommt.

**Beispiel:
Schematische Tätigkeit**

> ### Checkliste: Formproof kontrollieren
>
> ☐ Kopfzeilen
> ☐ Auflösung der Grafiken
> ☐ Stand der Abbildungen
> ☐ Seitenzahlen
> ☐ Schriften korrekt?
> ☐ Stand der Marginalien
> ☐ Seitenumbrüche
> ☐ Seitenspiegel
> ☐ Sonderzeichen/Umlaute
>
> ...

**Beispiel:
An alles gedacht?**

> ### Beim Verlassen des Büros
>
> ☐ Posteingangskörbchen leer?
> ☐ Schreibtischplatte aufgeräumt?
> ☐ PC aus?
> ☐ Bildschirm aus?
> ☐ Drucker aus?
> ☐ Telefon umgestellt/Mailbox eingeschaltet?
> ☐ Genug Faxpapier im Gerät?
> ☐ Kopierer aus?
> ☐ Fenster zu?
> ☐ Licht aus?
> ☐ Datensicherung durchgeführt?
> ☐ Handy mitgenommen?
> ☐ Diktiergerät mitgenommen?
> ☐ Zeitplanbuch mitgenommen?
>
> ...

Was der Tipp bewirkt

- Mithilfe von Checklisten können Tätigkeiten strukturiert und überprüft werden.

  Tätigkeiten strukturieren

- Checklisten entlasten den Geist. Sie können sich dadurch auf andere Dinge konzentrieren, die Ihre Aufmerksamkeit erfordern.

- Checklisten mit Kästchen zum Abhaken zeigen auf einen Blick, ob eine Aufgabe vollständig erfüllt wurde.

  Vollständige Erledigung

- Checklisten erleichtern die Delegation von Aufgaben sowie die Einweisung neuer Mitarbeiter.

- Der Einsatz von Checklisten spart Zeit.

  Zeit sparen

Darauf kommt es an

Checklisten eignen sich insbesondere bei

Geeignete Aufgaben

- Aufgaben, die delegiert werden sollen;
- Aufgaben, bei denen die vollständige Erledigung wichtig ist;
- Routinetätigkeiten;
- Komplexere Aufgaben, die regelmäßig wiederkehren.

Extra-Tipps

- Lernen Sie von anderen Branchen und Berufsgruppen, die sich an klar definierten Abläufen orientieren. Ein gutes Beispiel sind Piloten: Sie müssen nicht bei jedem Start erneut mühsam überlegen, in welcher Reihenfolge bestimmte Anzeigen zu prüfen und Steuerungsinstrumente zu bedienen sind.

  Von anderen lernen

**Checkliste
weiterentwickeln**

■ Im Sinne einer kontinuierlichen Verbesserung ist es wichtig, nach dem Einsatz der Checkliste zu hinterfragen, ob etwas unklar war oder vergessen wurde. Setzen Sie auf jede Checkliste daher als letzten Punkt die Aufgabe, die Checkliste bei Bedarf zu aktualisieren. So ermöglichen Sie beim nächsten Einsatz ein optimales Ergebnis.

**Beispiel:
Der letzte Punkt**

> ...
>
> □ Diese Checkliste ist aktuell und enthält alle nötigen Punkte. Ist dies nicht der Fall, wird sie jetzt überarbeitet. Die Datei befindet sich im Ordner *Interne Organisation/Checklisten*.

■ Wenn Sie die Vorzüge von Checklisten kennen und nutzen, sind nach einer Weile viele Checklisten im Umlauf. Möglicherweise werden sogar für ein und dasselbe Problem von unterschiedlichen Mitarbeitern Checklisten erarbeitet.

Viele Checklisten

Sammeln Sie Checklisten, die für viele Mitarbeiter wichtig sind, daher am besten im allgemeinen Sichtbuch.

**Sichtbuch mit
Checklisten**

2.15 Standardisieren Sie den Zeitschriftenumlauf

Die meisten Unternehmen haben verschiedene Fachzeitschriften abonniert, die sie regelmäßig zugeschickt bekommen. Diese laufen in unterschiedlichen Umläufen durch die Organisation.

Fachmagazine
in der Tagespost

So gehen Sie vor

Legen Sie Umlaufpläne fest, aus denen hervorgeht, wer welches Magazin bekommt. Nummerieren Sie diese Pläne. Bitten Sie den Verlag darum, im Adressfeld die Nummer des Umlaufs abzudrucken. Ihre Poststelle kann dann entsprechend vorbereitete Aufkleber auf die Vorderseite der Publikation kleben und diese in den Umlauf geben.

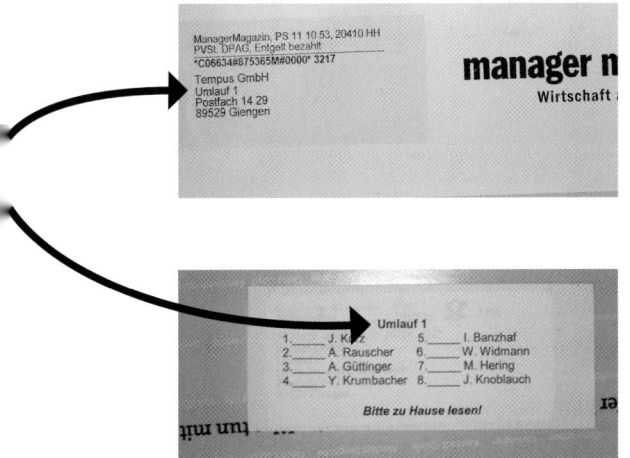

Umlaufnummer
auf Adressetikett

Aufkleber
für diesen Umlauf

2.16 Verabschieden Sie Spielregeln gemeinsam – Beispiel: Vertrieb

Weitere wichtige Aspekte

Über die in diesem Buch vorgestellten allgemeinen Bürotipps hinaus gibt es Aspekte, die für bestimmte Fachbereiche wichtig sind, aber von jedem Mitarbeiter unterschiedlich gehandhabt werden.

So gehen Sie vor

Legen Sie auch hier gemeinsam Spielregeln fest, an denen sich alle orientieren.

Beispiel: Servicestandards im Vertrieb

Servicestandards im Vertrieb

1. Telefon-Rückruf
Ist der gewünschte Gesprächspartner nicht erreichbar, füllt der Mitarbeiter, der das Gespräch entgegennimmt, eine Telefonnotiz aus (Telefonnotiz: *Y:\ Telefonnotiz.doc*). Hier ist ein Feld vorgesehen: *„Rückruf bis spätestens …"* Dies wird vom Telefonierenden ausgefüllt. Der gewünschte Gesprächspartner ist verpflichtet, bis spätestens zu diesem Zeitpunkt zurückzurufen. Auch wenn die Antwort noch nicht parat ist, so muss man spätestens zu diesem Zeitpunkt einen Zwischenbescheid geben.

2. Telefonklingeln
Das Telefon sollte nicht länger als dreimal klingeln. (…)

3. Anfragen
Anfragen müssen spätestens innerhalb 24 Stunden beantwortet werden. (…)

4. Mailbox
Bei kürzerer Abwesenheit (1 Tag und weniger) kann die Mailbox benutzt werden. Ist man jedoch länger nicht am Arbeitsplatz, wird das Telefon auf die Kollegen umgeleitet oder die Mailbox wird wie folgt besprochen: (…)

5. Reklamationen
Bei eingehenden Reklamationen ist jeder Kundencenter-Mitarbeiter verpflichtet, den Kunden auf dem Laufenden zu halten. (…)

6. Musteranfertigung
Bei Musteranfragen wird innerhalb von 24 Stunden nach Erhalt der Werkzeuge, Zeichnungen oder Ähnlichem dem Kunden eine Rückmeldung gegeben. (…)

Service

Unter www.für-immer-aufgeräumt.de finden Sie weitere Vorschläge für Servicestandards im Vertrieb.

2.17 So gelingt die Umsetzung

Ob Sie nun damit beginnen, für sich selbst Spielregeln festzulegen, oder ob Sie gleich als ganze Abteilung gemeinsam starten – in beiden Fällen gilt: Nehmen Sie sich nicht zu viel vor. Eine 80 %-Lösung, die Sie ab sofort umsetzen, ist besser als eine 100 %-Lösung, die Sie nicht bewältigen.

Nicht überfordern

Wenn Sie Spielregeln für eine Arbeitsgruppe oder eine Abteilung vereinbaren wollen, achten Sie sensibel darauf, dass alle Mitarbeiter mitziehen. Hier ist die Politik der kleinen Schritte sinnvoll und möglich. Es ist nützlich, wenn ein Moderator diesen Prozess begleitet. Das kann etwa ein Abteilungsleiter aus einem anderen Unternehmensbereich sein oder auch ein externer Berater, der sich sowohl mit diesen Themen als auch mit den voraussichtlichen Reaktionen der Mitarbeiter gut auskennt.

Politik der kleinen Schritte

Überprüfen Sie sich selbst

Haben Sie ...

... Ihre Aufbewahrungssysteme gut beschriftet?	☐ Ja	☐ Nein
... Ihren Arbeitsplatz von Notizzetteln etc. befreit?	☐ Ja	☐ Nein
... ein oder mehrere Sichtbücher angelegt?	☐ Ja	☐ Nein
... Plätze für Tacker & Co. definiert?	☐ Ja	☐ Nein
... EIN Posteingangskörbchen eingerichtet?	☐ Ja	☐ Nein
... ein nach oben begrenztes Fach für Ihren Lesestapel eingerichtet?	☐ Ja	☐ Nein
... eine Wiedervorlage, die zuverlässig funktioniert?	☐ Ja	☐ Nein
... die Zwischenablage laufender Projekte im Griff?	☐ Ja	☐ Nein
... den Umgang mit Fax und Kopierer standardisiert?	☐ Ja	☐ Nein
... den Gebrauch von gemeinsamen genutzten Büroutensilien geregelt?	☐ Ja	☐ Nein
... Ihr Archiv platzsparend gestaltet?	☐ Ja	☐ Nein
... Regeln für gemeinsam genutzte Schränke und Räume festgelegt?	☐ Ja	☐ Nein
... Checklisten, die Ihnen die Arbeit erleichtern?	☐ Ja	☐ Nein
... den Zeitschriftenumlauf zeitsparend organisiert?	☐ Ja	☐ Nein
... Ihre Spielregeln schriftlich festgelegt?	☐ Ja	☐ Nein

Einfachheit ist das Resultat der Reife.

Friedrich Schiller

3. Die DRITTE Stufe: Optimieren Sie Ihre Arbeitsprozesse

Sie haben Spielregeln festgelegt und sich daran gewöhnt, sie auch einzuhalten? Dann werden Sie in den entsprechenden Bereichen Tag für Tag spüren, dass Sie mehr Übersicht haben und die Ordnung durch die Spielregeln „automatisch" hält. Damit haben Sie schon viel erreicht.

Ordnung hält „automatisch"

Sie erinnern sich vielleicht an die Aussagen im ersten Teil zum Kaizen-Ansatz. Das Kaizen-Denken geht davon aus, dass *immer* weitere Verbesserungen möglich sind – egal wie gut Sie schon sind. Nichts ist so gut, dass man es nicht noch weiter verbessern kann. Daher geht es im dritten Kapitel darum, Prozesse zu optimieren und die Kugel weiter nach oben zu bewegen.

Es geht immer noch besser

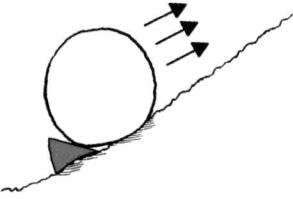

Denken Sie daran, auch die Spielregeln nachzuziehen. Sonst rollt die Kugel wieder zurück. Wenn Sie sich für bestimmte Optimierungen entscheiden, sollten Sie es also nicht versäumen, Ihre schriftlich formulierten Spielregeln entsprechend anzupassen.

Spielregeln nachziehen

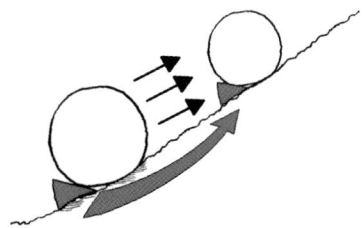

99

Einzelarbeitsplatz und Prozessketten

Beim Optimieren können Sie wieder mit Aufgaben beginnen, die Ihren eigenen Arbeitsplatz und Ihre eigenen Arbeitsabläufe betreffen. Darüber hinaus können Sie Ihr Augenmerk auch auf die Verbesserung von Prozessketten richten. Dabei geht es darum, die Voraussetzungen und Folgen Ihres Handelns zu durchdenken und Prozesse in ihrer Gesamtheit zu sehen. Hierbei ist es sinnvoll, alle am Prozess Beteiligten einzubinden. Da Prozesse das gesamte Unternehmen durchlaufen, überschreiten Sie bei der 3. Stufe die Abteilungsgrenzen.

Ansätze für Optimierungen finden

Ob Sie nun Einzelarbeitsplätze betrachten oder sich um Prozessketten kümmern – Kern der 3. Stufe ist es in beiden Fällen, Prozesse zu untersuchen und Ansatzpunkte für Optimierungen zu finden.

Die 3. Stufe nehmen

5 Ziele und Kennzahlen
4 Erfolg durch Eigeninitiative
3 Permanent perfektionierte Prozesse
2 Spielregeln für die Abteilung
1 Aufgeräumter Arbeitsplatz

Sie können recht einfach erkennen, ob ein (Teil-)Prozess optimiert werden kann: Fragen Sie danach, ob die jeweilige Tätigkeit Wertschöpfung bedeutet, das heißt, ob der Kunde dafür bezahlt. Wo die Antwort Nein lautet, ist die Wahrscheinlichkeit groß, dass hier Verschwendung besteht und damit ein Ansatzpunkt für Verbesserungen gegeben ist.

Ein Beispiel: Wenn Ihnen Ihr Lieferant, den Sie gut kennen, einen Brief schreibt und schnell eine einfache, schriftliche Antwort erwartet, dann können Sie wiederum einen Brief zurückschreiben. Der Kunde bezahlt aber meist nicht dafür, dass Sie Briefe schreiben. Das Antworten geht auch einfacher – wie, das erfahren Sie im Abschnitt 3.3.

**Beispiel:
Brief beantworten**

Damit Sie sehen, wie es funktionieren kann, finden Sie auf den folgenden Seiten neben dem eben angesprochenen Beispiel einige weitere Ideen. Diese beziehen sich auf Vorgänge, die in den meisten Büros vorkommen, aber nur selten Gegenstand von Verbesserungsbemühungen sind. Die Beispiele habe ich dabei bewusst so gewählt, dass sie für Einzelarbeitsplätze nützlich sind, denn Prozessketten unterscheiden sich von Unternehmen zu Unternehmen zu stark, als dass hier Tipps möglich wären, die sowohl allgemein anwendbar als auch nützlich sind.

**Ideen für
Einzelarbeitsplätze**

So viel lässt sich aber trotzdem verallgemeinernd sagen: Ein Prozess ist erst dann optimal, wenn nichts mehr weggelassen werden kann, ohne das Ergebnis zu verschlechtern. Mit anderen Worten: Das Geniale ist einfach. Wir bringen es in unserem Hause gern auf den Punkt, indem wir sagen: „Entweder es geht einfach, oder es geht einfach nicht."

**Optimale Prozesse
sind einfach**

Sinn der 3. Stufe ist aber nicht das *Kopieren*, sondern das *Kapieren*. Entwickeln Sie eigene Ideen! Wie Sie dabei vorgehen können, erfahren Sie ab Seite 114.

**Eigene Ideen
entwickeln**

Vielleicht sind Sie es bislang gewohnt, den wachsenden Herausforderungen dadurch zu begegnen, dass Sie *mehr (schneller, länger)* arbeiten. Wenn Sie die 3. Stufe genommen haben, werden Sie feststellen, dass es auch anders geht. Damit sind Sie auf einem guten Weg. Denn es wird künftig mehr und mehr darauf ankommen, *intelligenter* statt *mehr* zu arbeiten.

Intelligenter arbeiten

3.1 Überwachen Sie Bestände durch Kanban

Material darf nicht ausgehen

Die Bestände in den Büromaterialschränken müssen überwacht werden, um zu verhindern, dass das Material ausgeht.

So gehen Sie vor

Der Nachschub von Büromaterial kann mit dem Kanban-System organisiert werden (Kanban = jap. „Karte"). Dies bedeutet, dass ein Mindestbestand festgelegt wird. Wird diese Mindestmenge unterschritten, erkennt dies der Entnehmer anhand eines Signals. Er löst dann die Nachlieferung aus.

Beispiel

Negativ-Szenario

■ Zunächst ein *Negativ-Szenario:*
In einem Unternehmen wird Büromaterial in einem zentralen Schrank aufbewahrt. Verantwortlich für die Nachbestellung von Büromaterial ist der zentrale Einkauf. Die Mitarbeiter entnehmen sich ihr benötigtes Büromaterial eigenverantwortlich aus dem Schrank. Entnimmt ein Mitarbeiter den letzten Textmarker aus dem Schrank freut er sich, dass er noch einen bekommen hat, informiert aber nicht den zentralen Einkauf. Der nächste Mitarbeiter, der einen Textmarker braucht, hat leider Pech gehabt.

■ Nun das *Positiv-Szenario – dank Kanban:*

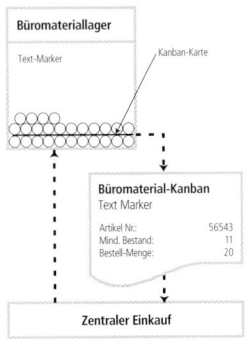

Lagern Sie Textmarker in einer beschrifteten Box. Über der untersten Lage der Box befindet sich eine Kanban-Karte, die das Erreichen des Mindestbestandes signalisiert. Wird der Mindestbestand erreicht, muss die Kanban-Karte an den zentralen Einkauf weitergegeben werden. Der Einkauf bestellt neue Textmarker. Nach dem Eintreffen wird die Kanban-Karte zusammen mit den gelieferten Textmarkern wieder in die Box gelegt.

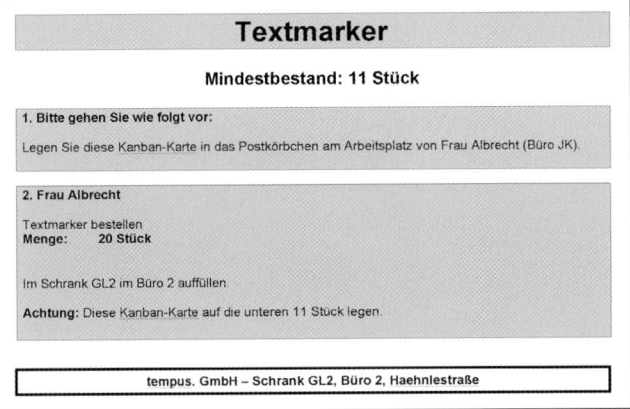

Beispiel für eine Kanban-Karte

Was der Tipp bewirkt

■ Es ist immer das nötige Material vorhanden.

■ Die Bestände müssen nicht extra überwacht werden. Die Überwachung erfolgt „automatisch" durch die Kanban-Karten.

„Automatische" Überwachung

■ Da immer genug Material vorrätig ist, muss niemand warten. Das Ergebnis sind flüssigere Prozesse.

■ Hohe Bestände mögen im Einkauf billiger sein. Jedoch wird nicht nur unnötig Kapital gebunden, auch die Lagerung verursacht Kosten. Durch das selbststeuernde Kanban-System orientiert sich die Höhe der Bestände am tatsächlichen Bedarf und somit an der Verbrauchsgeschwindigkeit.

Orientierung am Bedarf

Darauf kommt es an

Nachfrage-schwankungen berücksichtigen

■ Berücksichtigen Sie beim Festlegen des Mindestbestands Nachfrageschwankungen. Bis zum Eintreffen des Nachschubs muss genug Material im Bestand sein – auch wenn der Artikel in dieser Zeit stärker nachgefragt wird. Der Mindestbestand kann daher vor allem bei billigen Artikeln etwas höher sein. Ein Stift wird dann teuer, wenn er nicht vorhanden ist.

First in, first out

■ Bei Material, das altert, gilt das First-in-first-out-Prinzip. Das heißt beispielsweise für neue Tonerkartons, dass diese im Materialschrank hinter die dort vorhandenen Kartons gestellt werden, denn das vorhandene Material muss zuerst verbraucht werden.

Extra-Tipps

Farbliche Markierung

■ Statt eine Kanban-Karte ins Fach zu legen, können Sie den Mindestbestand in geeigneten Fällen auch farblich markieren.

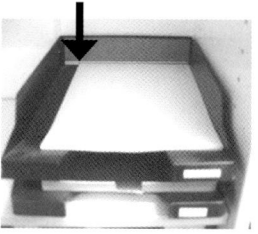

Wird der markierte Mindestbestand erreicht, wird die Schale aufgefüllt. So wird vermieden, dass die Blätter ausgehen.

Schreibwarenhändler einbinden

■ Je nach Größe Ihres Unternehmens kann die Bestandsüberwachung auch durch einen lokalen Schreibwarenhändler vorgenommen werden, der beispielsweise einmal pro Woche den Büromaterialschrank mithilfe der Kanban-Karten auffüllt. Durch die Konzentration des Einkaufs auf einen Händler lassen sich vernünftige Einkaufspreise erzielen. Außerdem sind die Prozesskosten durch das Entfallen einer Bestellung niedrig.

Service

Unter www.für-immer-aufgeräumt.de finden Sie Muster für Kanban-Karten als Gratis-Downloads.

3.2 Verwenden Sie Adressaufkleber für häufige Post

Adressen werden entweder von Hand auf den Brief geschrieben oder umständlich einzeln per Computer erstellt.

Von Hand adressierter Brief

So gehen Sie vor

Wenn Sie wiederkehrende Adressaten haben – etwa Auslandsniederlassungen oder Kunden, mit denen Sie häufig per Briefpost korrespondieren –, dann können Sie den Prozess der Adressbeschriftung optimieren, indem Sie komplette Bögen mit Adressaufklebern für die jeweilige Adresse anlegen.

Diese Adressaufkleberbögen können Sie im Postfach des Adressaten ablegen.

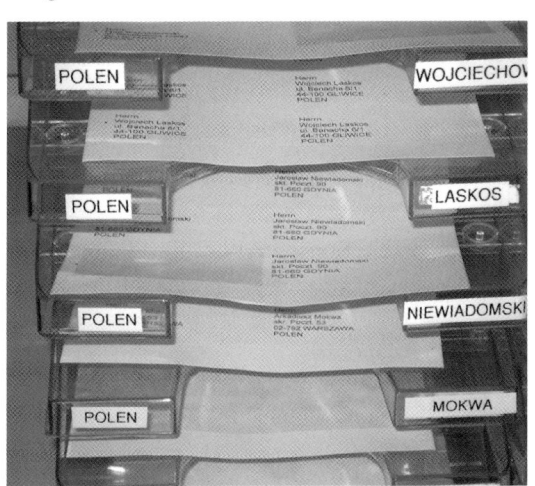

Bögen mit Adressaufklebern

3.3 Beschleunigen Sie die schriftliche Kommunikation

Briefe werden häufig wiederum mit Briefen beantwortet. Das nimmt oft unnötig viel Zeit in Anspruch.

Brief mit einem Brief beantwortet

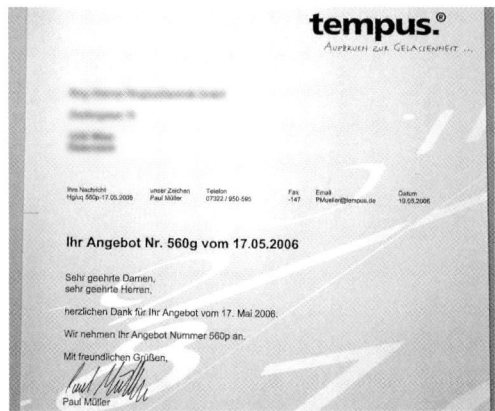

So gehen Sie vor

Zur Beschleunigung der Kommunikation schreiben Sie Ihre Antwort (leserlich!) auf das Originaldokument. Wenn Sie dieses mit Ihrem Firmenstempel versehen und zurückfaxen bzw. zurückschicken, ist das rechtlich kein Problem.

Schneller: Handschriftliche Antwort

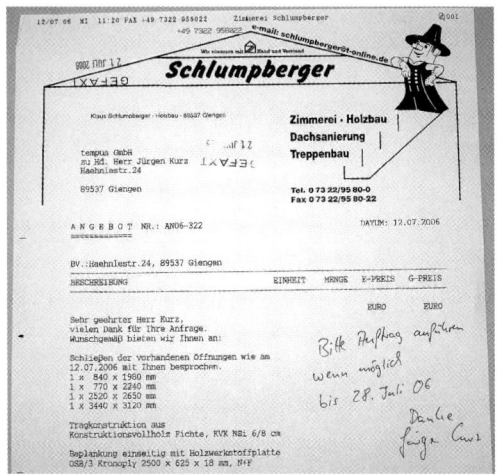

Sie telefonieren mit einem Geschäftspartner und sagen ihm bei-
spielsweise zu, eine CD zu senden. Jetzt wäre es sehr aufwendig,
extra einen Brief zu schreiben.

Traditionelles
Begleitschreiben

So gehen Sie vor

Schreiben Sie einfach auf Ihre Visitenkarte eine persönliche
Nachricht.

Schneller:
Handschriftlich
auf Visitenkarte

Sie können auch eine Kurzmitteilungskarte nutzen (DIN lang).

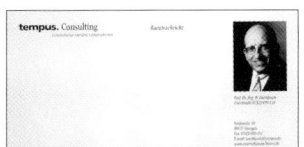

Alternative:
Kurzmitteilungskarte

3.4 Führen Sie Besprechungen effizienter durch

Effizienzkiller Nr. 1 *In zahllosen Sitzungen wird unnötig viel Zeit vertrödelt. Eine Befragung des Fraunhofer Instituts für Produktionstechnik und Automatisierung ergab, dass unproduktive Sitzungen der Effizienzkiller Nr. 1 sind.*

 So gehen Sie vor

Orientieren Sie sich an folgenden Empfehlungen, um die Effizienz Ihrer Besprechungen zu steigern:

Tagesordnung 1. Führen Sie keine Besprechung ohne Tagesordnung durch. Falls es nicht möglich ist, die Tagesordnung mit der Einladung zu verschicken, werden alle anzusprechenden Punkte auf ein Flipchart geschrieben.

2. Fangen Sie mit den Themen an, die alle Beteiligten betreffen. Die nur von einigen Themen betroffenen Teilnehmer können dann nach und nach die Besprechung verlassen.

3. Diskutieren Sie keinen Tagesordnungspunkt ohne schriftliche Vorlage, denn Schriftlichkeit fördert die gedankliche Klarheit. Haben Sie die Sitzungsleitung in der Hand, bitten Sie die Teilnehmer deshalb, ihre Anliegen vorab schriftlich zu skizzieren. Wenn es ein Thema nicht wert ist, in zwei oder drei Sätzen schriftlich vorbereitet zu werden, dann ist es dieser Punkt auch nicht wert, darüber in der Sitzung zu diskutieren.

 **Ergebnis-Protokoll** 4. Führen Sie bei jeder Besprechung ein schriftliches Ergebnis-Protokoll (Was macht wer bis wann?). Das Ergebnis-Protokoll sollte bei der nächsten Besprechung durchgesprochen werden. Eventuell können Sie das Protokoll während der Sitzung auf Band diktieren. Dann hört jeder Beteiligte was

Sie sagen und kann gegebenenfalls Korrekturen bzw. Ergänzungen einbringen. Eine Möglichkeit, die sich ebenfalls bewährt hat ist, das Protokoll während der Besprechung auf dem PC zu schreiben und es per Beamer an die Wand zu werfen. Dann können ebenfalls alle Teilnehmer Anmerkungen und Ergänzungen machen, und Missverständnisse bei der Umsetzung werden vermieden. Alternativ dazu können Sie (leserlich!) per Hand ein Sofort-Protokoll schreiben, das am Ende der Sitzung kopiert und verteilt wird.

Sofort-Protokoll

5. In manchen Unternehmen finden Besprechungen im Stehen an einem Stehpult statt. Weil das Stehen nach einer Weile unbequem wird, dauert die Sitzung nicht unnötig lange. **Im Stehen**

6. Sie können zu Beginn neben dem Protokollführer auch einen Moderator und einen Zeitnehmer bestimmen:

   ■ Der *Moderator* leitet die Sitzung. Er ist in der Regel derjenige, der die Tagesordnung erstellt hat. Geben Sie ihm eine Fahrradhupe in die Hand. Immer dann, wenn ein Teilnehmer vom Thema abschweift, wird gehupt. **Moderator**

   ■ Der *Zeitnehmer* kontrolliert mit einer Stoppuhr in der Hand, dass Wortbeiträge eines Teilnehmers maximal 90 Sekunden dauern. Ist das Limit erreicht, borgt sich der Zeitnehmer vom Moderator die Hupe und gibt ein Signal. **Zeitnehmer**

3.5 Vereinfachen Sie die Handhabung von Bürogeräten durch One-Minute-Lessons

Komplexe Geräte

Manche technische Geräte besitzen zahlreiche Tasten und Bedien-elemente. Werden diese Geräte nur selten benötigt, weiß man nicht, in welcher Reihenfolge die Tasten zu drücken sind. Das Nachschlagen im Handbuch kostet jedes Mal unnötig Zeit.

So gehen Sie vor

Erstellen Sie eine Kurzbeschreibung der Tastenkombinationen, die sich am normalen Prozessablauf orientiert.

**Beispiel:
Kurzbeschreibung**

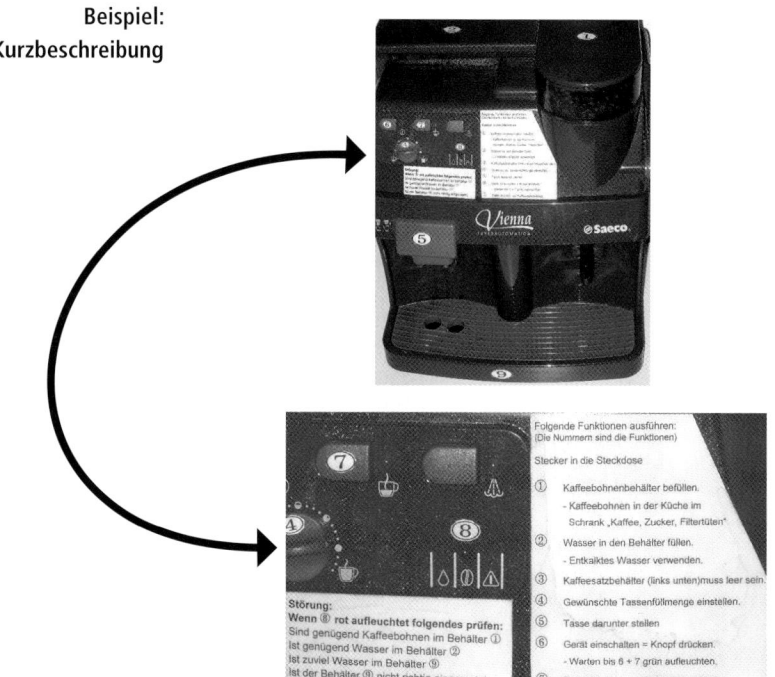

Drucker und Kopierer zeigen zwar oft an, ob die beschriftete Seite oben oder unten liegen muss. Soll auf einen Briefbogen kopiert bzw. gedruckt werden, ist allerdings häufig unklar, ob das Blatt mit dem Briefkopf oder der Fußzeile nach vorn in das Gerät eingelegt werden soll.

Papier einlegen

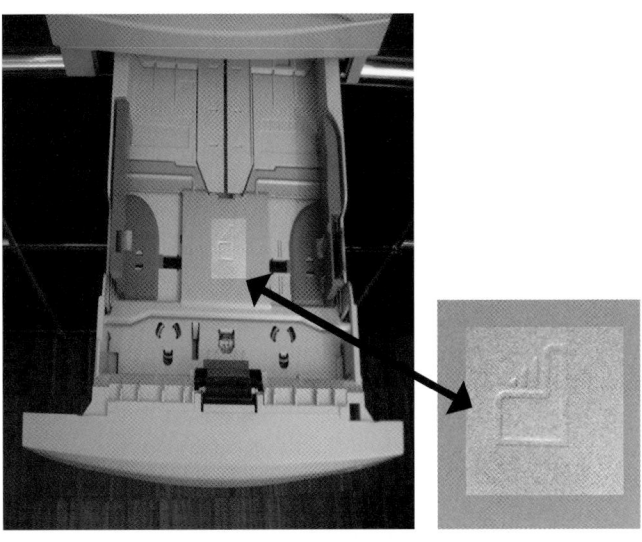

So gehen Sie vor
Kleben Sie eine Verkleinerung des Briefbogens auf, um das falsche Einlegen von Papier zu vermeiden.

Verkleinerten Briefbogen aufkleben

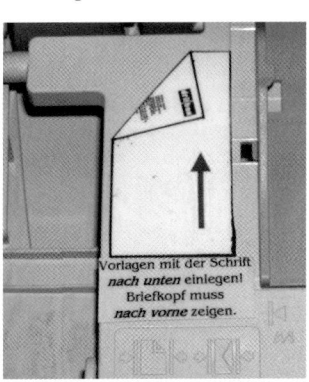

Schlechte Bedienungs-anleitungen

Bürogeräte müssen hin und wieder gereinigt oder sonstwie gewartet werden. Die Bedienungsanleitungen sind dabei oft keine große Hilfe.

So gehen Sie vor

Erstellen Sie Arbeitsanweisungen mithilfe von digitalen Fotos Ihres Gerätes. Durch eine entsprechende Schritt-für-Schritt-Anleitung werden die Wartungsarbeiten spürbar vereinfacht.

Beispiel: Schritt-für-Schritt-Anleitung

Service

Unter www.für-immer-aufgeräumt.de finden Sie Muster für Bedienungs- und Wartungsanleitungen als Gratis-Downloads. So müssen Sie nicht bei null beginnen: Nutzen Sie die Vorlagen, um sie an Ihre Geräte anzupassen.

3.6 Nutzen Sie einen zentralen Prospektständer

Unternehmen nutzen häufig verschiedene Werbematerialien. Es ist oft nicht klar, wie diese übersichtlich aufbewahrt und die Bestände überwacht werden können.

Keine Übersicht auf einen Blick

So gehen Sie vor

In vielen Fällen eignet sich ein Werbemittelschrank, wie er in Reisebüros verwendet wird. Diese Schränke ermöglichen es, ein Exemplar der inliegenden Materialien auf der Außenseite einzustecken. Mit einem Blick ist erkennbar, in welchem Fach das gewünschte Werbemittel zu finden ist.

Werbemittelschrank und Kanban-Karte

Extra-Tipp

Bestände können einfach über Kanban-Karten überwacht werden (siehe Seite 102ff.).

Entwickeln Sie eigene Ideen

Tipps – das Ergebnis großer Bemühungen In den Kapiteln 1 und 2 haben Sie eine Reihe von Tipps kennengelernt, die das Ergebnis langjähriger Kaizen-Bemühungen meiner Kunden und mir selbst sind. Die Tipps und Beispiele, die Sie im 3. Kapitel auf den vorhergehenden Seiten finden, sollen Ihnen zeigen, dass Optimierungen selbst an Stellen möglich sind, an denen man es auf den ersten Blick vielleicht gar nicht vermutet.

Nun sind Sie gefragt Bei der dritten Stufe des Treppenmodells geht es aber letztlich darum, dass Sie eigene Ideen entwickeln. Ab jetzt sind Sie selbst gefragt. Stellen Sie Ihre Organisation auf den Prüfstand und erkunden Sie, wo Sie Ihre Arbeitsweisen weiter optimieren können. Es geht darum, dass Sie nun selbstständig den Feinschliff erarbeiten, der auf Ihre konkrete Situation passt. Kaizen heißt auch, niemals stehen zu bleiben und immer danach zu streben, noch ein bisschen besser zu werden. Zwar ist die absolute Perfektion nicht möglich, aber es lohnt sich, sie anzustreben.

Streben nach Perfektion

Was können Sie nun tun, um immer besser zu werden? Eine erste Möglichkeit besteht darin, auf Engpässe zu achten. Wo stauen sich die Aufgaben? Wo kommt es immer wieder zu Problemen?

Bei Problemen ansetzen

Fünf Mal „Warum" fragen

Wenn Sie solch einen Ansatzpunkt identifiziert haben, eignet sich die bewährte Technik, mindestens fünf Mal „Warum" zu fragen. Diese Gründlichkeit ermöglicht es, das Problem tiefer zu verstehen und sich nicht nur um die Symptome zu kümmern.

Dem Problem auf den Grund gehen

Nehmen wir an, ein Verkaufsleiter begibt sich in das Besprechungszimmer, um dort einen Kunden zu empfangen, mit dem er sich verabredet hat. Der Kunde kommt aber nicht. Nachdem er 30 Minuten seiner kostbaren Zeit verschwendet hat, findet er heraus, dass das Treffen auf den nächsten Tag verschoben wurde. Der Kunde hatte ein entsprechendes Fax geschickt, das den Verkaufsleiter jedoch nicht erreichte.

Beispiel: Wartender Verkaufsleiter

Fragen Sie nun fünf Mal „Warum":
1. *Warum* musste der Verkaufsleiter umsonst warten?
   Weil ihn das Kundenfax mit der Terminänderung nicht rechtzeitig erreichte.
2. *Warum* erreichte ihn das Kundenfax nicht rechtzeitig?
   Weil das Faxgerät nicht lief.
3. *Warum* lief das Faxgerät nicht?
   Weil der Toner alle war und kein neuer Toner da war.
4. *Warum* war kein neuer Toner da?
   Weil versäumt wurde, rechtzeitig neuen Toner zu bestellen.
5. *Warum* wurde versäumt, rechtzeitig Toner zu bestellen?
   Weil wir keine funktionierende Bestandssteuerung für Büromaterial im Unternehmen haben.

Fünf Mal „Warum"

Das Vorgehen offenbart ein viel tiefer liegendes Problem, als sich zunächst erahnen lässt. Schafft das Unternehmen für dieses Problem eine funktionierende Lösung, indem es beispielsweise künftig Kanban als Methode zur Bestandssteuerung einsetzt, wird nicht nur immer der Toner für das Faxgerät verfügbar sein. Auch andere Schwierigkeiten werden sich lösen.

Funktionierende Lösung schaffen

Mehrere Möglichkeiten

Oft entstehen beim Nachdenken über die Lösung eines Problems mehrere alternative Möglichkeiten. Diese Lösungen sind dann zu vergleichen. Bei der Bewertung hilft es, die Voraussetzungen und Folgen der jeweiligen Lösung aufzuschreiben. Bei der Entscheidung für eine Lösung sollte intelligenterweise nicht nur das Kosten-Nutzen-Verhältnis eine Rolle spielen, sondern auch die Nachhaltigkeit, also die Frage, ob der gewählte Weg das Problem tatsächlich dauerhaft löst.

Mitarbeiter als Experten

Wenn Sie die volle Kraft der dritten Stufe entfalten möchten, denken Sie nicht alleine über die Probleme und die möglichen Lösungen nach. Holen Sie Mitarbeiter hinzu, die von dem Problem betroffen sind, und die zur Lösung beitragen können. Im Kaizen-Denken sind die Mitarbeiter die Experten für all das, was sie angeht. Sie können meist ganz gut beurteilen, welche Idee im Alltag funktioniert und welche eher scheitern wird.

Schriftlich arbeiten

Bei meinen Beratungsprojekten mache ich in solchen Fällen immer sehr gute Erfahrungen mit dem Ratschlag, schriftlich zu arbeiten. Wenn ein Mitarbeiter ein Problem sowie mögliche Ideen zu dessen Behebung in Worte fassen muss, trägt dies spürbar zur gedanklichen Klarheit bei. Allerdings sollten Sie nicht einfach darum bitten, die Dinge aufzuschreiben. Wenn Mitarbeiter Probleme notieren, kann es sein, dass sie dies mit vielen Worten tun und ihre Gedanken vor allem auf das Problem richten.

Lösungsorientiertes Denken fördern

Interessanter wird es jedoch in dem Moment, wo sie beginnen, lösungsorientiert zu denken. Stellen Sie deshalb ein Blatt zur Verfügung mit der Bitte, Gedanken dort aufzuschreiben. Dieses Blatt könnte – schematisch dargestellt – so aufgebaut sein:

116

Idee zur Optimierung

1. Problem (vermutete Ursache, spürbare Auswirkungen etc.)

2. Mögliche Lösungen

3. Mein Vorschlag (inkl. Begründung)

Name: Datum:

Formular für Ideen zur Lösung von Problemen

Neben der Option, bei auftauchenden Problemen anzusetzen, können Sie auch vorbeugend an Stellen aktiv werden, die unproblematisch sind, aber lohnende Verbesserungen versprechen. Dabei ist es hilfreich, jeweils eine der folgenden fünf Brillen aufzusetzen:

Vorbeugen

1. *Prozess-Brille*
   Welche Prozesse kommen bei Ihnen besonders häufig vor? Was lässt sich tun, um diese Prozesse besser (schneller, einfacher, kundenorientierter) als bisher zu erledigen?

Prozess-Brille

2. *Verschwendungs-Brille*
   Wo gibt es bei Ihnen Abläufe, die nichts zur Wertschöpfung beitragen, Prozesse, für die Sie der Kunde nicht bezahlt?

Verschwendungs-Brille

3. *Struktur-Brille*
   Strukturen geben den alltäglichen Abläufen ihre Gestalt. Welche Strukturen lassen sich verbessern?

Struktur-Brille

4. *Fehler-Brille*
   Was können Sie tun, um Fehler zu vermeiden, bevor sie entstehen?

Fehler-Brille

5. *Gruppen-Brille*
   Welche Berufsgruppe kommt bei Ihnen besonders häufig vor? Was passiert, wenn Sie Prinzipien des Büro-Kaizen auf den Alltag dieser Gruppe anwenden?

Gruppen-Brille

Für alle fünf Brillen finden Sie in den folgenden Teilkapiteln ein Beispiel.

3.7 Prozesse optimieren – Beispiel: Telefonieren

Setzen Sie die Prozess-Brille auf und suchen Sie einen (Teil-) Prozess, der bei Ihnen besonders häufig auftaucht. Ich wähle hier Telefonate als Beispiel, weil sie in vielen Unternehmen eine wichtige Rolle spielen und Sie sich vielleicht fragen, was sich denn hier verbessern lässt.

Telefonate als Störfaktor   *Anrufe werden manchmal als Störfaktor empfunden.*

So gehen Sie vor
Bringen Sie am Telefon einen kleinen Spiegel und einen Zettel an, auf dem zum Beispiel steht: „Bitte lächeln. Der Gesprächspartner sieht es zwar nicht, aber er hört es."

Spiegel anbringen

Hände nicht frei ...   *Beim Telefonieren hat man traditionellerweise die Hände nicht frei und ist an den Schreibtisch gebunden.*

... und an den Schreibtisch gebunden

So gehen Sie vor

Nutzen Sie ein Headset – so haben Sie beide Hände frei. Mit einer schnurlosen Variante können Sie im Raum herumgehen und beispielsweise Unterlagen holen oder die Faxnummer tippen, während sie der Gesprächspartner diktiert.

Ein Headset ...

... macht die Hände frei

Am Ende eines Telefonates stellen Sie fest, dass das Gespräch länger gedauert hat, als Sie dachten. Sie erleben das Telefon als Zeitfresser.

Telefon als Zeitfresser

So gehen Sie vor

Eine kleine Sanduhr am Telefon macht sichtbar, wie die Zeit vergeht.

Sanduhr neben dem Telefon

Extra-Tipp

Telefonieren Sie im Stehen – das ist auch gut für Ihren Rücken.

Service

Unter www.für-immer-aufgeräumt.de finden Sie Ansagetexte für den Anrufbeantworter als Gratis-Downloads.

3.8 Verschwendung reduzieren – verschiedene Beispiele

Wettbewerbsdruck nimmt zu

In allen Branchen nimmt der Wettbewerbsdruck zu. Das Vermeiden von Verschwendung ist somit keine Option, sondern eine Voraussetzung für das Überleben des Unternehmens. Setzen Sie deshalb die Verschwendungs-Brille auf.

So gehen Sie vor

Um Hinweise auf Verschwendung zu bekommen, identifizieren Sie die Tätigkeiten, für die der Kunde nicht bezahlt. Achten Sie systematisch auf die folgenden Verschwendungsarten: Suchen, unnötige Bewegungen, Wartezeiten, Fehler, doppelte Kontrolle, Überinformation, hohe Bestände.

Suchen

Verschwendung durch Suchzeiten

In vielen Unternehmen könnte es frei nach einem bekannten Werbespruch heißen: „Arbeitest du schon oder suchst du noch?" Jede mit Suchen verbrachte Zeit ist verschwendete Zeit.

Unnötige Bewegungen

Verschwendung durch unnütze Bewegungen

Überdenken Sie die Anordnung der Dinge an Ihrem Arbeitsplatz. Je häufiger sie gebraucht werden, desto näher sollten sie sich an Ihrem Arbeitsplatz befinden. Ein Kunde lagerte beispielsweise Weihnachtspapier im Schreibtisch, während er Büromaterial wie Briefumschläge im Nebenraum holen musste. Andernorts wurde Osterschmuck im engen Großraumbüro aufbewahrt, obwohl der Platz für häufig benötigte Akten fehlte.

Wartezeiten

Verschwendung durch Wartezeiten

Wartezeiten sind ein großes Problem. Je komplexer die Prozesse werden, desto häufiger treten sie auf. Ursache ist eine Arbeitsorganisation, bei der Prozesse viele Abteilungen durchlaufen und viele Schnittstellen zu überwinden haben. Hier hilft es, Tätigkeiten zusammenzufassen und dadurch Schnittstellen zu vermeiden. Bei einem Projekt hatten wir beispielsweise die Auftragsbearbeitung im Kunststoffbereich so umgestellt, dass die Kunden einzelnen Mitarbeitern zugewiesen waren. Diese haben die Kundenaufträge sehr weitgehend bearbeitet und etwa die Bestellung der Teile beim Lieferanten selbst vorgenommen. Somit konnte der Mitarbeiter stets Auskunft geben, wenn Kunden Fragen zu Terminen hatten oder die Bestellmenge verändern wollten.

Fehler

Bei einem meiner Kunden betrug die Fehlerquote bei einem wichtigen Prozess unglaubliche 40 Prozent. Es ging um die Eingabe von Daten für etwa 33.000 Verträge pro Jahr. Ein Azubi tippte die Daten ein, wobei die hohe Fehlerquote entstand. Danach wurden die Daten von einer Mitarbeiterin korrigiert – mit einer Quote von 0 Prozent. Die Analyse ergab, dass der Azubi sehr häufig abgelenkt wurde, weil er zugleich den Telefondienst hatte. Ein weiterer Effekt war, dass der Azubi wusste, dass seine Eingaben kontrolliert werden und Fehler nicht so schlimm sind.

Verschwendung durch Fehler

Doppelte Kontrolle

In Fällen, bei denen mehrere Mitarbeiter an einem Vorgang arbeiten, ist es oft normal, dass jeder Beteiligte aufs Neue die Unterlagen prüft. Es ist zwar schön, weil so Fehler (hoffentlich) vermieden werden. Der Kunde bezahlt diesen Aufwand aber nicht. Hilfreich könnte hier ein Auftragsbegleitzettel sein, auf dem die geprüften Kriterien abgezeichnet werden. Jeder weiß somit, was von wem geprüft wurde und was noch zu kontrollieren ist.

Verschwendung durch doppelte Kontrolle

Überinformation

Ein großes Problem sind im Mailverkehr die Mails, die man per cc bekommt. Grund ist oft eine Verunsicherung der Mitarbeiter. So handeln sie nach dem Motto: „Ich sage jedem alles, damit hinterher niemand schimpfen kann." Sinnvoll sind hier vertrauensbildende Maßnahmen und der Aufbau einer Kultur, in der auch mal Fehler gemacht werden dürfen.

Verschwendung durch Überinformation

Hohe Bestände

In Büro-Kaizen-Projekten habe ich schon lokale Läger von Büromaterial aufgelöst und an zentraler Stelle gesammelt. Die Bestände haben dann sehr lange gereicht.

Verschwendung durch hohe Bestände

3.9 Strukturen verbessern – Beispiel: Vertretungsregelungen

AM System arbeiten *Strukturen sind so etwas wie die Rahmenbedingungen, unter denen die Prozesse ablaufen. Daher lohnt es sich, die Arbeit IM „System Unternehmen" hin und wieder zu verlassen und AM System zu arbeiten, indem Sie die Struktur-Brille aufsetzen.*

Vertretung regeln *Vertretungsregelungen sind Strukturen, die sich bei fehlender Klärung nachteilig auf flüssige Prozesse auswirken. Da Vertretungsregelungen in jeder Organisation wichtig sind, wähle ich sie hier als Beispiel.*

So gehen Sie vor
Treffen Sie Vertretungsregelungen und legen Sie diese schriftlich fest. Dafür gibt es mehrere Möglichkeiten. Sie können damit beginnen, dass Sie eine Tabelle erstellen, auf der Zuständigkeiten sowie die Vertretungen aufgelistet sind. Sie sehen dann auch **Beispiel: Tabelle** sofort, wo noch keine Vertretungsregelungen bestehen.

Diese Tabelle können Sie an einem zentralen Ort, etwa am Kopierer, aushängen. Sie eignet sich auch dazu, neuen Mitarbeitern eine schnelle Orientierung zu ermöglichen.

Zentral aushängen

Im nächsten Schritt können Sie ein Sichtbuch anlegen, das als Handbuch der Abteilung fungiert und in dem die Aufgaben klar beschrieben sind. Auch entsprechende Checklisten gehören hier hinein. Ein solches Handbuch hilft dabei, eine Vertretung einzuarbeiten. Im Falle der Vertretung stellt es sicher, dass die entsprechenden Aufgaben erledigt werden und keine Wartezeiten entstehen.

Handbuch der Abteilung anlegen

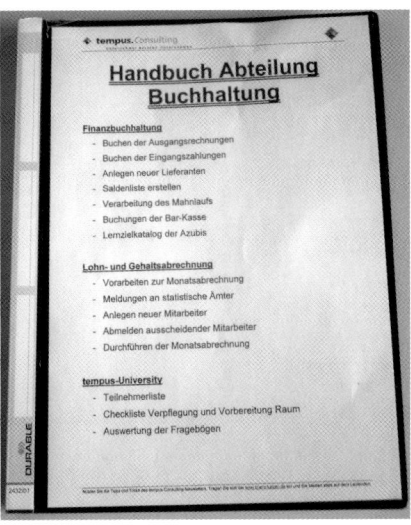

Beispiel: Handbuch der Abteilung Buchhaltung

Es ist nicht nur sinnvoll, die Tätigkeiten aufzulisten und zu beschreiben. Es kann auch nützlich sein, diese zeitlich zu ordnen. Klären Sie, welche Tätigkeiten wann zu erledigen sind: täglich, wöchentlich, monatlich, quartalsweise, halbjährlich, jährlich, sporadisch, …)

Tätigkeiten zeitlich ordnen

Extra-Tipp
Fragen Sie die Vertretung, ob sie die Einzelbeschreibung der Tätigkeiten verstanden hat und nachvollziehbar findet. Ideal ist es, einmal mit der Vertretung gemeinsam die Aufgabe Schritt für Schritt anhand der Beschreibung zu erledigen.

3.10 Fehler vermeiden, bevor sie entstehen – Beispiel: Schreibpult

Vorbeugend aktiv werden

Es ist natürlich am besten, wenn es Ihnen gelingt, Fehler bzw. Probleme zu vermeiden, bevor sie entstehen. Setzen Sie daher die Fehler-Brille auf und werden Sie vorbeugend aktiv.

So gehen Sie vor

Nehmen Sie sich passende Tipps dieses Buches als Beispiel, denn das Prinzip der vorbeugenden Fehlervermeidung liegt vielen Ratschlägen zugrunde. Wenn Sie etwa Ihre Lesestapel nach oben begrenzen (Kapitel 2.5), können diese nicht ausufern. Wenn Sie für Ihre Aktenordner systematisch Farben nutzen (Extra-Tipp auf Seite 52) oder sie mit einer diagonalen Markierung kennzeichnen (Seite 53), sehen Sie sofort, wenn ein Ordner falsch eingestellt wurde.

Beispiel: Schreibflächen ...

Ein weiteres Beispiel: Wenn Sie nicht möchten, dass Schreibflächen als Ablagefläche missbraucht werden, ordnen Sie diese schräg an.

... schräg anordnen

Poka Yoke

Hinter Ratschlägen wie diesen steht die Idee des Poka Yoke. Der japanische Ausdruck bedeutet soviel wie „Vermeiden unbeabsichtigter Fehlhandlungen". Durch Anwenden von Poka-Yoke-Ideen kommen Sie einer Null-Fehler-Qualität näher.

3.11 Verbesserungen bei einzelnen Gruppen erzielen – Beispiel: Außendienstmitarbeiter

Haben Sie in einer Abteilung – etwa der Buchhaltung – gute Erfahrungen mit den Büro-Kaizen-Prinzipien gemacht, können Sie die grundlegenden Ideen im nächsten Schritt auf den Alltag einer anderen Berufsgruppe anwenden. Um zu skizzieren, wie das gehen kann, wähle ich hier das Beispiel Außendienstmitarbeiter.

Ideen auf andere Berufsgruppen anwenden

Tipp Nr. 1: Durchgängige Systeme nutzen

Der Sinn dieses Buches besteht darin, Hilfen für die dauerhafte Ordnung am Arbeitsplatz zu geben. Die besondere Herausforderung für Außendienstmitarbeiter besteht darin, dass sie *mehrere* Arbeitsplätze haben. Ziel muss es hier also sein, Systeme zu schaffen, die vom Heimarbeitsplatz über das Auto bis zum Auftritt beim Kunden durchgängig funktionieren.

Ordnung trotz mehrerer Arbeitsplätze

Hier hat sich in vielen Kundenprojekten die Aktenorganisation per MAPPEI bewährt (www.mappei.de). Mittels der Kunststoffboxen bekommen Sie Ihre laufenden Projekte vom Schreibtisch. Für Ihre Außendiensttermine können Sie die zugehörigen Kundenmappen vor den betreffenden Tag in die Wiedervorlage einstellen (vgl. Kapitel 2.6). So haben Sie an jedem Morgen alle nötigen Mappen mit einem Griff zur Hand. Die Mappen lassen sich auf Reisen in einer Box transportieren, die sich in Ihrer Aktentasche befindet. Bei normaler Befüllung lassen sich 50 und mehr Mappen problemlos transportieren – mit Hängeregistermappen ist dies wegen der vergleichsweise dicken Hängeschienen nicht zu machen.

Es ist möglich, Ihre Unterlagen so gut zu organisieren, dass Sie alle benötigten Papiere innerhalb weniger Sekunden finden. Dies ist besonders für das Gespräch mit dem Kunden wichtig: Müssen Sie sich abwenden und in Ihrer Tasche nach Unterlagen suchen, ist die Aufmerksamkeit rasch verflogen. Der Spannungsbogen reißt, und Ihr Kunde wendet sich anderen Dingen zu. Sind Sie gut organisiert, dient das nicht nur der Dramaturgie Ihres Gespräches. Es zeugt auch von Kompetenz.

Zugriffszeit: nur wenige Sekunden

Tipp Nr. 2: Mit einem Diktiergerät arbeiten

Diktieren geht schneller als schreiben

Arbeiten Sie mit einem Diktiergerät zum Festhalten von Gesprächsergebnissen. Das Diktat können Sie unmittelbar im Anschluss an den Besuch beim Kunden machen, etwa während Sie unterwegs zum nächsten Kunden sind. Selbst wenn Sie aus Sicherheitsgründen lieber nicht während der Fahrt diktieren möchten: Diktieren geht auf jeden Fall schneller als schreiben. Die diktierten Notizen können Sie abtippen lassen oder abends selbst abarbeiten. Wichtig ist, dass Sie tagsüber so viele Termine wie möglich wahrnehmen können und die Zeit der Nachbereitung eines Termins minimieren. Eine weitere Möglichkeit wäre sogar, sich Notizen als Gesprächsvorbereitung aufs Band zu sprechen und bei der Fahrt zum Kunden abzuhören.

Tipp Nr. 3: Ordnungs-Grundsatz auf das Auto übertragen

Feste Plätze definieren

Alles hat *seinen* Platz, alles hat *einen* Platz. Dieser Grundsatz muss auch für das Auto gelten. Definieren Sie feste Plätze im Auto für Schuhputzset, Diktiergerät, digitale Kamera, Aktentasche und andere Dinge. Das verkürzt Such- und Aufräumzeiten.

Tipp Nr. 4: Ein Zeitplanbuch benutzen

Zeitplanbuch benutzen

Arbeiten Sie mit einem Zeitplanbuch und tragen Sie sich nicht nur Termine ein, sondern auch Ihre Projekte. Im Zeitplanbuch (ZPB) können auch Tank-, Visiten- und Kreditkarten untergebracht werden. Ein herausnehmbarer Mehrjahreskalender ermöglicht, dass der Kalender immer mitgenommen werden kann. Das ZPB hilft, Projekte im Überblick zu behalten und die Woche zu planen. Idealerweise verwenden Sie als Außendienstmitarbeiter ein Wochenkalendarium, da Sie vermutlich wochenweise planen. In Zeitplanbüchern gibt es außerdem zahlreiche Checklisten. In das Zeitplanbuch gehört auch eine Liste mit Fragen, die Sie bei Kundenbesuchen immer parat haben sollten. Auf diese Frageliste gehören Fragen zum Wettbewerb, zu Wettbewerbspreisen,

126

weiteren Projekten in der Pipeline, Referenzen, … Eigentlich sind Fragen nach diesen Dingen selbstverständlich, sie werden nur leider in der Hektik des Alltags oft vergessen. Eine große Auswahl an international ausgezeichneten Zeitplanbüchern und passendem Zubehör finden Sie unter www.tempus.de.

Tipp Nr. 5: Münzen parat halten

Im Auto sollten Sie immer einige 1-Euro- und 50-Cent-Münzen haben – das hilft bei Parkuhren und im Supermarkt. Wenn Sie mit Gepäck reisen, sollten Sie sich einige Münzen in die Jackentasche stecken – etwa für Gepäckwagen am Flughafen. Nichtraucher können die Münzen ganz praktisch im Aschenbecher des Autos aufbewahren.

Tipp Nr. 6: USB-Stick am Schlüsselbund haben

Sie sollten im Auto oder sogar an Ihrem Schlüsselbund einen USB-Stick haben. Wenn Ihnen Ihr Geschäftspartner eine interessante Präsentation zeigt, können Sie diese sofort mitnehmen. Wenn Sie eine Präsentation machen müssen, dann empfiehlt es sich, diese auch auf dem Stick mitzunehmen. Dies ist beim Kunden schneller, als Ihren eigenen Laptop auszupacken und hochzufahren. Außerdem kann der Kunde die Präsentation dann problemlos auf seinen PC überspielen (wenn Sie das möchten).

USB-Stick nutzen

Tipp Nr. 7: Gesprächspartner fotografieren

Wenn Sie häufig neue Gesprächspartner haben, fotografieren Sie diese mit der digitalen Kamera oder dem Handy. Wenn Sie erklären, dass Sie Ihr Gedächtnis trainieren wollen, dann wird niemand etwas dagegen haben. Manchmal bietet sich aber auch die Chance, das Foto unbemerkt zu machen, etwa wenn jemand an einem Verkaufsschalter steht. Wenn Sie beim Verlassen des Gesprächspartners das Gebäude fotografieren, dann können Sie das Bild auch wieder zuordnen. Eine Alternative besteht darin, im Anschluss an das Foto die Visitenkarte Ihres Gesprächspartners zu fotografieren, wenn Sie wieder im Auto sind.

Gesicht und Gebäude fotografieren

Tipp Nr. 8: Motivierende Fotos oder Sprüche im Auto

Außendienstler sind meistens allein unterwegs und müssen sich deshalb auch selbst motivieren. Ein Foto der Familie oder ein motivierender Spruch im Auto kann nach einem frustrierenden Gespräch wieder aufmuntern.

Tipp Nr. 9: Mit Kennzahlen arbeiten

Zielvorgaben im Blick behalten

Arbeiten Sie konsequent mit Kennzahlen, um Ihre Zielvorgaben ständig im Blick zu haben. Die einfachste Kennzahl ist die Überwachung des gesamten bisher erreichten Jahresumsatzes. Wenn Sie Ihr Jahresziel auf die Anzahl der Arbeitstage herunter brechen, dann wissen Sie, wie viel Umsatz Sie durchschnittlich pro Tag machen müssen, um Ihr Ziel zu erreichen. Berücksichtigen Sie dabei, dass das Jahr zwar etwa 250 Arbeitstage hat, Sie aber auch Urlaub haben und Besprechungen und Fortbildungen besuchen.

Tipp Nr. 10: Nachhaken und Erfolgsquote überwachen

Konsequent nachhaken

Haken Sie bei Ihren Angeboten konsequent nach und überwachen Sie Ihre Erfolgsquote (erfolgreiche Abschlüsse pro Anzahl der Angebote). Als eine Form des „automatisierten" Nachhakens können Sie beispielsweise eine Woche nach dem Angebot eine E-Mail schreiben und fragen, ob das Angebot verständlich war, der Kunde weitere Informationen benötigt etc. Hier eignet sich der Einsatz von Standardtexten. Eventuell kann diese Aufgabe auch Ihr Partner im Innendienst übernehmen.

Tipp Nr. 11: Adressaufkleber mitnehmen

Adressaufkleber sparen Zeit

In Ihrem Zeitplanbuch sollten Sie immer auch kleine Adressaufkleber mit sich führen. Diese eignen sich sehr gut etwa für das Einchecken in Hotels und alle anderen Gelegenheiten, bei denen man die Adresse schreiben muss.

3.12 So gelingt die Umsetzung

Jeder hat einen Blinden Fleck. Das gilt auch für das Berufsleben. **Betriebsblindheit**
Da es bei der 3. Stufe darum geht, Gewohntes infrage zu stellen, **ist normal**
wirkt sich hier Betriebsblindheit besonders stark aus. Wenn
Ihnen das Infragestellen am Anfang nicht gleich gelingt, dann
verzweifeln Sie nicht, sondern denken Sie an die persische Weis-
heit: „Alle Dinge sind schwer, bevor Sie leicht werden."

Blinde Flecken lassen sich dadurch überwinden, indem Sie sich **Eine wichtige Frage**
und Ihre Kollegen immer wieder die folgende Frage stellen:
„Was hindert uns daran, unsere tägliche Arbeit mit möglichst
wenig Aufwand und geringen Reibungsverlusten in einer möglichst guten Qualität zum richtigen Zeitpunkt zu erledigen?"

Spätestens bei der 3. Stufe lohnt es sich, einen externen Mode- **Externen Moderator**
rator hinzuziehen. Er hat eine gesunde Distanz zu den Abläu- **hinzuziehen**
fen in Ihrer Organisation. In einem meiner Beratungsprojekte
ging es beispielsweise um die Frage nach der Ablage bestimmter
Dokumente. Der unvoreingenommene Blick von außen auf die
gesamte Prozesskette führte zu der Erkenntnis, dass diese spe-
zielle Ablage gar nicht benötigt wurde. Wäre nur der Teilprozess
der Ablage betrachtet worden, dann hätte dies vielleicht zu einer
Optimierung der Ablage geführt. Die Gesamtbetrachtung zeigte
jedoch, dass dieser Teilprozess ohne Verluste weggelassen werden konnte.

Überprüfen Sie sich selbst

Haben Sie mit eigenen Ideen…
… Prozesse optimiert? ☐ Ja ☐ Nein

… Verschwendung reduziert? ☐ Ja ☐ Nein

… Strukturen verbessert? ☐ Ja ☐ Nein

… durch Poka-Yoke-Systeme Fehler vermieden,
  bevor sie entstehen? ☐ Ja ☐ Nein

… Verbesserungen bei anderen Berufsgruppen erzielt,
  indem Sie Büro-Kaizen-Prinzipien übertragen haben? ☐ Ja ☐ Nein

Ein kluger Mann
macht nicht alle
Fehler selbst.

Er gibt auch anderen
eine Chance.

Winston Churchill

4. Die VIERTE Stufe: Stärken Sie das eigenverantwortliche Handeln der Mitarbeiter

Zentrales Thema der 4. Stufe ist es, die Mitarbeiter zu befähigen und zu ermächtigen, ihr Potenzial auszuschöpfen. Die Kugel kann mit ihrer Hilfe noch weiter hinaufbewegt werden.

Mitarbeiter befähigen und ermächtigen

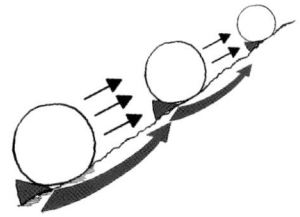

Ziel ist es, dass möglichst alle im Unternehmen mitwirken und die vereinbarten sowie optimierten Spielregeln einhalten und verbessern. In diesem Kapitel werden die Voraussetzungen skizziert, mit deren Hilfe aus „Mit-Arbeitern" „Mit-Unternehmer" werden. „Mit-Unternehmer" sind proaktiv und übernehmen Verantwortung.

Von „Mit-Arbeitern" zu „Mit-Unternehmern"

5 Ziele und Kennzahlen
4 Erfolg durch Eigeninitiative
3 Permanent perfektionierte Prozesse
2 Spielregeln für die Abteilung
1 Aufgeräumter Arbeitsplatz

Die 4. Stufe nehmen

Wichtig ist bei allem, was Sie tun, dass Sie die Mitarbeiter nicht überfordern, sondern sie dort abholen, wo sie stehen.

Nicht überfordern

4.1 Schaffen Sie totale Transparenz durch Information

Information führt zu Verantwortung

Es gilt die Erfahrung: „Geben Sie Ihren Mitarbeitern alle erforderlichen Informationen, und Sie werden nicht verhindern können, dass sie Verantwortung übernehmen".

Die Information der Mitarbeiter erfolgt allerdings häufig durch unstrukturierte Aushänge, die lange Orientierungszeiten erfordern und kaum wahrgenommen werden.

Unstrukturierter Aushang

So gehen Sie vor

Gestalten Sie Aushänge übersichtlich und strukturiert. Dazu bietet es sich an, bestimmte Rubriken zu bilden, etwa „Qualitätswesen", „Termine" und „Kennzahlen". Dies ermöglicht eine schnelle und zielgerichtete Information.

Illustrationen verwenden

Illustrationen können die Orientierung vereinfachen und beschleunigen.

Service

Unter www.für-immer-aufgeräumt.de finden Sie Illustrationen für Ihr Aushangwesen als Gratis-Downloads.

Wenn sie einen Effekt haben sollen, müssen die Aushänge aktuell sein. Die Aktualisierung ist oft umständlich.

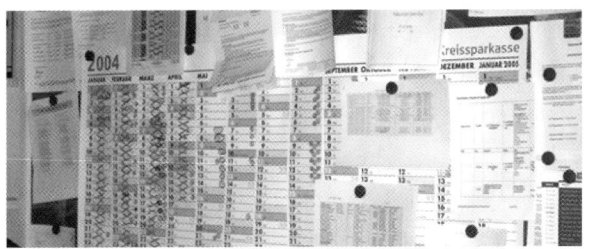

Aushang mit veralteten Informationen

Um zeitaufwendige (und teure) Ausdrucke zu vermeiden, können Sie für Aushänge mit sich häufig ändernden Zahlen Post-its oder mehrfach nutzbare Blätter verwenden. Laminieren Sie letztere, damit sie nicht so schnell abgegriffen aussehen.

Post-its und mehrfach nutzbare Blätter verwenden

Extra-Tipps

- Nutzen Sie das Aushangwesen auch, um sichtbar zu machen, wenn es Abweichungen von den Unternehmenszielen gibt. Scheuen Sie sich dabei nicht, auch negative Abweichungen transparent zu kommunizieren. Zielabweichungen erzeugen einen gewissen Handlungszwang, entsprechende Gegensteuerungsmaßnahmen einzuleiten.

  Abweichungen aufzeigen

- Visualisieren Sie auch aktuelle Trends und Prognosen.

  Trend visualisieren

- „Mitwissen" ist die Basis dafür, dass aus „Mit-Arbeitern" „Mit-Unternehmer" werden. Viele weitere Informationen zu diesem Thema finden Sie in dem von Jörg Knoblauch und mir verfassten Buch „Die besten Mitarbeiter finden und halten", Frankfurt/Main: Campus Verlag 2007.

4.2 Entwickeln Sie die Gaben der Mitarbeiter

Qualifizierte Mitdenker *Mitarbeiter können umso wirksamer mitdenken, je besser qualifiziert sie sind und je genauer sie die Zusammenhänge im Unternehmen kennen.*

So gehen Sie vor
Neben externer Weiterbildung können Sie interne Workshops und Schulungen anbieten. Legen Sie dazu einen bestimmten Tag pro Monat fest, an dem Know-how vermittelt wird. Wenn Sie keine externen Referenten einladen wollen, können Sie fachlich und didaktisch kompetente Mitarbeiter, Kunden und Lieferanten bitten, in einstündigen Schulungseinheiten Praxiswissen weiterzugeben. Erfahrungsgemäß werden solche Angebote von Mitarbeitern sehr gut besucht, selbst wenn die Teilnahme nicht als Arbeitszeit vergütet wird.

Unternehmensinterne „University"

Fachbücher verschenken Die günstigste Möglichkeit der Weiterbildung besteht darin, Fachbücher an Mitarbeiter zu verschenken. Gerade Fachliteratur wird von Mitarbeitern gerne angenommen, weil sie sich so in ihrer fachlichen Kompetenz ernst genommen fühlen. Eine Investition von beispielsweise 19,90 Euro – so viel hat das vorliegende Buch gekostet – ist allemal gut eingesetzt. Wenn der Mitarbeiter auch nur zwei Stunden zu Hause mit dem Buch verbringt und später eine beim Lesen gewonnene Idee im Unternehmen umsetzt, hat er der Firma in vielfacher Weise den Wert zurückerstattet.

Extra-Tipps

- Schaffen Sie eine kleine Bibliothek mit Hörbüchern zu Wirtschaftsthemen an, die Sie an einem zentralen Platz zur Verfügung stellen – etwa in einem eigenen Regalboden des Schranks für Fachliteratur (siehe Kapitel 2.13). Mitarbeiter, die im Auto unterwegs sind, können CDs ausleihen und ihren Wagen zur rollenden Universität machen. **Hörbuch-Bibliothek**

- Visualisieren Sie die Qualifikationen der Mitarbeiter in einer Qualifikationsmatrix. Dort werden alle Mitarbeiter und alle Tätigkeiten aufgeführt. Je nach Beherrschungsgrad einer Tätigkeit erhält jeder Mitarbeiter mehr oder weniger Punkte. Dies ist eine gute Basis für das Erstellen von Qualifikationsplänen. Außerdem macht eine solche Übersicht deutlich, von welchen Mitarbeitern Abhängigkeiten bestehen, da nur sie über bestimmte Qualifikationen verfügen, was im Falle von Urlaub oder Krankheit zu Schwierigkeiten führt. **Qualifikationen visualisieren**

Qualifikationsmatrix erstellen

Qualifizierungsmatrix: Abteilungsintern — Datum: 11/2007

Abteilung: Verkauf Abteilungsleiter: Dr. F. Böllmann

Name	Angebotswesen	Präsentationsgestaltung	Ausbildung von Azubis	Englisch-Kenntnisse	Russisch-Kenntnisse	Reklamationsbearbeitung	Punktezahl
Brandsch, Susanne	◑	◑		●		◑	13
Grimmich, Erika	◕	◑		◕	◔	◕	10
Gump, Forest	◑	◑		◑		◑	12
Höhler, Gertraud	◑	◑		◑		◕	11
Kirschbein, Kassandra	◑	◑		◑		◑	12
Janosch, Christine	◕	◑	◕	◑	◔	◕	13
Cronstaedter, Albertine	◕	◑		◕		◑	9
Hetzel, Tine	◑	◑		◑		◕	11

◔ Anlernphase (1 Punkt) ● Beherrscht die Arbeit in vorgegebener Zeit und geforderter Qualität (2 P.) ◑ Zusätzlich zu 2: kann andere anlernen (3 P.) ◕ Zusätzlich zu 3: hat Verbesserungen entwickelt und eingeführt (4 P.)

Service

Unter www.workshops365.de finden Sie zahlreiche Online-Workshops zu Themen wie etwa „Arbeitstechniken" (zum Beispiel Umgang mit Mindmaps) und „Persönliches Wachstum" (zum Beispiel Selbstmotivation, Wie Sie Schritt für Schritt Ihre Ziele erreichen, Freundlich Nein sagen). **Online-Workshops nutzen**

4.3 Etablieren Sie eine angstfreie Fehlerkultur

Rückschläge bleiben nicht aus
Wenn sich Mitarbeiter darum bemühen, die Spielregeln weiterzuentwickeln, bleiben Rückschläge nicht aus. In manchen Unternehmen wird darauf mit Schuldzuweisungen reagiert. Das führt dazu, dass Mitarbeiter davor zurückschrecken, etwas neues auszuprobieren – es könnte ja schiefgehen.

So gehen Sie vor
Wenn Schwierigkeiten auftreten, gilt ein wichtiger Grundsatz: Fragen Sie nicht danach, *wer* schuld hat, sondern *was* schuld hat. Wenn Sie sagen: „Du hast schuld!", dann ist es eine normale menschliche Reaktion, dass sich der Angesprochene verteidigt. Eine brasilianische Spruchweisheit bringt das typisch menschliche Verhalten so auf den Punkt: „Fremde Fehler beurteilen wir als Staatsanwälte, die eigenen als Verteidiger."

Konfrontation und Angst
Was Sie durch solch ein Verhalten erreichen, ist klar: Konfrontation und Angst, sich noch einmal mit einer Idee nach vorn zu wagen.

Problem von der Person trennen
Wenn sich aber niemand mehr traut, Neues zu testen – auch auf die Gefahr hin, dabei Fehler zu machen –, dann entsteht Stillstand. Niemand macht mit Absicht Fehler. Daher ist es viel intelligenter, das Problem von der Person zu trennen, sich gemeinsam auf die Suche nach der Ursache zu machen und an

dieser zu arbeiten. Versuchen Sie, gemeinsam zu verstehen, wie der Fehler entstanden ist und wie sich sein Auftreten in Zukunft vermeiden lässt. Fragen Sie danach, wie sich Strukturen und Prozesse so verändern lassen, dass der Fehler künftig nicht wieder auftreten kann.

Darüber hinaus lohnt es sich auch, die Betrachtungsweise von Fehlern zu verändern. Fehler sind nicht nur etwas Schlechtes, auch wenn sie weh tun. Fehler sind so wertvoll wie Goldnuggets, schließlich machen sie auf eine Schwachstelle aufmerksam. Wird diese so wirksam beseitigt, dass der Fehler künftig nicht mehr auftritt, dann ist der Fehler ein Schritt in Richtung der Null-Fehler-Produktion, die auch im Büro als Ideal gelten sollte. **Fehler sind wertvoll**

Sie entscheiden durch Ihre Reaktion, ob Sie Fehler als Stolpersteine betrachten oder sie als Trittsteine zu gebrauchen wissen. Wenn Sie sich mal nicht entscheiden können, dann denken Sie an das, was ein kluger Mensch sagte: „Wenn Gott dir ein Geschenk machen will, dann verpackt er es meist in ein Problem." **Trittsteine, keine Stolpersteine**

Es gibt meines Wissens kein 11. Gebot, das da lautet: „So sollst du deinen Schreibtisch führen und dein Büro organisieren." Versuchen Sie immer wieder, neue Dinge auszuprobieren, sodass Sie für sich die effektivsten Arbeitstechniken ermitteln können. Denken Sie daran: Es geht um *ständige* und nicht um *einmalige* Verbesserungen. Und es gibt nicht die *eine beste* Idee, sondern *viele gute* Ideen, die Ihnen das Arbeiten an Ihrem Schreibtisch, in Ihrem Büro vereinfachen können. Um diese Kreativität bei der Suche nach immer besseren Lösungen nicht zu hemmen, müssen Fehler gemacht werden dürfen. **Fehler dürfen sein**

Immer besser werden

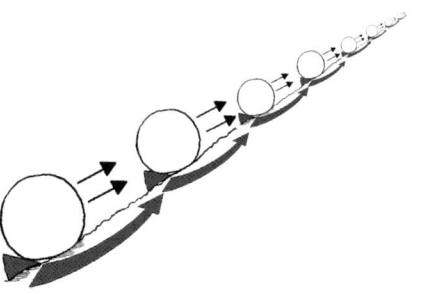

4.4 Installieren Sie ein Verbesserungs- vorschlagswesen

Ideen der Mitarbeiter bleiben oft ungenutzt

In vielen Unternehmen werden die Mitarbeiter nur für ihre Hände, nicht aber für ihren Kopf bezahlt. Erst nach Dienstschluss zeigen sie dann ihre wahren Fähigkeiten: Sie bauen ihr Haus, erziehen Kinder erfolgreich und führen große Vereine. Am Arbeitsplatz sind diese Fähigkeiten meist nicht gefragt. Der Alltag funktioniert nach dem Motto: „Die Mitarbeiter sind zum Arbeiten da – der Chef löst die Probleme." Gerade die Ideen des Mitarbeiters sind es jedoch, die beim Problemlösen so wichtig sind. Es gilt, diese geistigen Potenziale zu erschließen.

So gehen Sie vor
Sind Sie eine Führungskraft, dann werden Sie sich zunächst darüber klar, wie Sie zu Ideen stehen, die von Ihren Mitarbeitern kommen. Als Chef ist man manchmal nicht ganz ehrlich zu sich selbst. Lassen Sie den folgenden Fragebogen doch einmal von zwei bis drei Mitarbeitern anonym beantworten. Vergleichen Sie die Ergebnisse mit Ihren eigenen Antworten.

Fragen zur Selbsterkenntnis

Sind Sie aufgeschlossen für Ideen anderer?	☐ Ja	☐ Nein
Glauben Sie, dass Ihre Mitarbeiter ausreichend die Chance haben, ihre Meinung zu äußern?	☐ Ja	☐ Nein
Sind Ihre Mitarbeiter in Entscheidungsprozesse eingebunden?	☐ Ja	☐ Nein
Würden Sie Ihr Einverständnis geben, eine gute Idee Ihrer Mitarbeiter sofort umzusetzen?	☐ Ja	☐ Nein
Haben Sie in der Vergangenheit je sofort der Umsetzung eines Verbesserungsvorschlages zugestimmt?	☐ Ja	☐ Nein
Ist eine Idee einer Putzfrau für Sie genauso viel wert wie eine Idee Ihres Abteilungsleiters?	☐ Ja	☐ Nein
Gehen Sie aktiv auf Ihre Mitarbeiter zu, um deren Verbesserungsvorschläge zu erfahren?	☐ Ja	☐ Nein

Gutes Fundament

Wenn Sie bei den meisten dieser Fragen zustimmen können, dann haben Sie bereits ein gutes Fundament für das Verbesserungsvorschlagswesen gelegt.

Der Mitarbeiter erkennt die Verbesserungspotenziale der eigenen Arbeit häufig besser als der Vorgesetzte. Erschließen Sie daher systematisch die Vorschläge Ihrer Mitarbeiter für Verbesserungen im Büro. Dazu eignet sich das Verbesserungsvorschlagswesen.

Vorschläge systematisch erschließen

Darauf kommt es an

Definieren Sie, was ein Verbesserungsvorschlag in Ihrer Firma ist und was er beinhaltet. Dies ist sehr wichtig, um systematisch vorzugehen. Wenn Sie Vorschläge durch Prämien belohnen wollen, ist eine genaue Definition unbedingt erforderlich.

Genaue Definition

Beispiel für die Definition eines Verbesserungsvorschlages:

Beispiel-Definition

- Der Vorschlag zeigt einen konkreten Lösungsweg; die bloße Problembeschreibung reicht nicht aus.
- Der Vorschlag muss machbar sein und einen Nutzen bieten.
- Die vorgeschlagene Lösung kann bereits im Unternehmen bekannt und anderweitig gebräuchlich sein. Sie muss jedoch für den vorgeschlagenen Anwendungsbereich und -zweck neu sein.

Extra-Tipps

- Die Vorschläge werden in der Regel zu Hause ausgedacht, dann zu Papier gebracht und schließlich in einen im Büro angebrachten Briefkasten eingeworfen.

Briefkasten für Vorschläge

- Ein Beispiel für ein Formular, das die Handhabung von Verbesserungsvorschlägen erleichtert, finden Sie auf der nächsten Seite sowie unter www.für-immer-aufgeräumt.de.

Verbesserungsvorschlag

Sie können das Formular auch am PC ausfüllen. Pfad: X:\Vorlagen\Verbesserungsformular
(Blau hinterlegte Felder sind vom Bewerter auzufüllen!)

tempus.

Aufbruch zur Gelassenheit ...

FB_045_E

VV-Nr.:

Eingansdatum:

Einreicher:

Vorgesetzter:

Beschreibung des IST-Zustands (der gegenwärtige Zustand und was Ihnen daran nicht gefällt):

Vorgeschlagene Verbesserung (wie wollen Sie diesen Zustand verbessern? Welche Vorteile sehen Sie darin?):

Bitte verwenden Sie für Zeichnungen ein Extra-Blatt und klammern Sie es an Ihren Verbesserungsvorschlag.

Ich werde den VV selbst umsetzen **Ja** **Nein** Für die Umsetzung benötige ich die Unterstützung von:

Folgende Personen sind vom VV betroffen und zu informieren:

Bei Selbstumsetzung werde ich die davon betroffenen Personen informieren:

Datum:	Unterschrift:

Herzlichen Dank für Ihr Engagement und Mitdenken, geben Sie den ausgefüllten Vordruck bei Ihrem Vorgesetzten an.

Spielregel:	Selbst umgesetzt	Nicht selbst umgesetzt	Prämie	Punkte für Ziel 1
Abgelehnter VV	-	-	-	1
Kleinvorschlag	-	X	10,00 Euro	1
Kleinvorschlag	X	-	25,00 Euro	3
VV mit Prämie	-	X	Berechenbare Prämie	1
VV mit Prämie	X	-	Berechenbare Prämie	3

Bewerter: Einsparung:

Punkte für Ziel 1:   Aufwand inkl. Prämie in €:

tempus GmbH, Haehnlestr. 24, 89537 Giengen, Tel. 07322 / 950-200, Fax 07322 / 950-219   **tempus.**

4.5 Stärken Sie das Selbstmanagement der Mitarbeiter

Jedes Management beginnt beim Selbstmanagement. Büro-Kaizen und Selbstmanagement gehören daher zusammen wie die zwei Seiten einer Medaille. Büro-Kaizen hilft Ihnen, den Tisch und das Büro dauerhaft aufgeräumt zu halten. Durch ein optimiertes Selbstmanagement können Sie den dadurch gewonnenen Freiraum ideal nutzen.

Gewonnene Freiräume nutzen

Tipp Nr. 1

Geben Sie am Vorabend *einem* Projekt für den neuen Tag die Priorität, indem Sie fragen: Wenn ich nur eine Sache erledigen könnte, was wäre das? Sie lassen dadurch Ihr Unterbewusstsein für sich arbeiten und seine schöpferischen Kräfte über Nacht wirken. Am nächsten Morgen gehen Sie mit klaren Vorstellungen in den neuen Tag.

EINE Priorität geben

Beginnen Sie Ihre Arbeit sofort mit dieser Aufgabe. Störungen werden kommen. Versuchen Sie aber, dieses eine Projekt zu erledigen. Durch dieses Vorgehen ist sichergestellt, dass Ihre *wichtigen* Projekte (A-Prioritäten) nicht zu Gunsten der *dringenden* Projekte (B- und C-Prioritäten) in Vergessenheit geraten. *Wichtig* ist dabei alles, was Sie Ihren Zielen näherbringt. *Dringend* sind jene Aufgaben, die Ihre unmittelbare Aufmerksamkeit erfordern.

Das Wichtige schaffen

Tipp Nr. 2

Benutzen Sie ein Zeitplanbuch oder ein elektronisches Planungssystem, um stets den Überblick zu behalten und sich nicht – im wahrsten Sinne des Wortes – zu verzetteln (www.tempus.de).

Planungssystem nutzen

Tipp Nr. 3

Wenn Sie komplette Tage außer Haus oder im Urlaub sind, dann kennzeichnen Sie diese im Mehrjahreskalender mit Symbolen (etwa „Tage außer Haus" mit einem Kasten um den Tag, „Besuchstermine bei Kunden" mit unterschiedlichen Symbolen wie Kreisen und Kreuzen. Das erleichtert die Übersicht bei Terminvereinbarungen.

Schnellübersicht über Termine bekommen

Tipp Nr. 4

Zeitaufwand schätzen

Arbeiten Sie mit einer Tages- oder Wochenplanung. Dazu genügt es nicht, sich in den Kalender Termine einzutragen. Sie müssen den Projekten zusätzlich Prioritäten und Zeitbudgets zuordnen. Eine ungenaue Schätzung ist dabei besser als gar keine. Weil der Aufwand meist unterschätzt wird, multiplizieren Sie den von Ihnen geschätzten Zeitaufwand mit 1,5. Planen Sie außerdem Pufferzeiten ein.

Vergessen Sie nicht, die Arbeit an Ihren persönlichen Zielen in Ihrer Zeitplanung zu berücksichtigen.

Tipp Nr. 5

Auf eine Sache konzentrieren

Konzentrieren Sie sich jeweils nur auf eine Sache. Beginnen Sie eine neue Tätigkeit erst dann, wenn Sie die alte Aufgabe komplett erledigt haben. Dazu gehört auch, dass Sie die Unterlagen der abgeschlossenen Aufgabe aufgeräumt haben.

Keine Stapel zulassen

Werden Sie zwischendurch etwa durch das Telefon gestört, dann entscheiden Sie anschließend, ob Sie die durch das Telefonat neu entstandene Aufgabe sofort erledigen oder die Aufgabe in Ihre Wiedervorlage oder in die Zwischenablage wegräumen. Auf keinen Fall sollten Sie die Aufgabe und die zugehörigen Notizen einfach zur Seite schieben, weil sonst durch wiederholte Störungen dieser Art wieder Stapel auf Ihrem Tisch entstehen.

Tipp Nr. 6

Mit Stift lesen

Wenn Sie Texte lesen, dann halten Sie immer einen Stift in der Hand. Unterstreichen Sie wichtige Passagen, schreiben Sie sich Schlussfolgerungen an den Rand. Das erleichtert beim späteren Nachlesen die Aufnahme der wichtigen Aspekte.

Service

Ergänzend bieten wir eine kostenlose Broschüre an: Jörg Knoblauch: *Jede Menge Tipps gegen den Alltagsstress* (DIN A6; schreiben Sie eine E-Mail mit Ihrer Postanschrift an jkurz@tempus.de). Erprobte Ideen, Produkte und Angebote finden Sie im Internet unter www.tempus.de sowie unter www.ziele.de.

4.6 So gelingt die Umsetzung

Ermutigen Sie die Führungskräfte, Problemfelder aufzuzeigen, damit gemeinsam an Lösungen gearbeitet werden kann. Mitarbeiter in verantwortlicher Position haben meist eine gute Kenntnis über die wichtigsten Zusammenhänge und Schwierigkeiten im Unternehmen. Verstecken Sie sich nicht hinter Ihrem Schreibtisch, sondern seien Sie bereit, neue Ideen zu entwickeln sowie sich neue Ideen anzuhören und darauf zu reagieren.

Führungskräfte ermutigen

In einer Zeit, in der sich unsere Welt rasend schnell entwickelt und sich das Wissen alle vier Jahre verdoppelt, ist das ständige Streben nach Verbesserungen ebenso überlebensnotwendig wie das lebenslange Lernen. Wenn Sie eine Führungskraft sind, besuchen Sie daher selbst Weiterbildungen zu Themen wie Effizienzsteigerung und bieten Sie intern Schulungen zu diesen Fragestellungen an. Anregungen bieten Ihnen Angebote wie etwa die vom F.A.Z.-Institut organisierte TOP-Initiative des Bundesministeriums für Wirtschaft und Technologie (mehr dazu erfahren Sie unter www.top-online.de).

Schulungen besuchen und anbieten

Überprüfen Sie sich selbst

Haben und geben Sie die Informationen, die nötig sind, um Verantwortung zu übernehmen? ☐ Ja ☐ Nein

Haben Sie in den vergangenen zwölf Monaten mindestens drei externe oder interne Weiterbildungen besucht? ☐ Ja ☐ Nein

Sehen Sie Fehler als Schätze, die es zu heben gilt, und nicht als Probleme? ☐ Ja ☐ Nein

Gibt es in Ihrem Hause ein funktionierendes Verbesserungsvorschlagswesen? ☐ Ja ☐ Nein

Haben Sie in den vergangenen zwölf Monaten mindestens drei Verbesserungsvorschläge gemacht? ☐ Ja ☐ Nein

Nutzen Sie ein Zeitplanbuch oder ein elektronisches Planungssystem? ☐ Ja ☐ Nein

Machen Sie jeden Tag eine Tagesplanung? ☐ Ja ☐ Nein

Der Langsamste,
der sein Ziel
nicht aus den
Augen verliert,
geht immer noch
geschwinder als der,
der ohne Ziel
umherirrt.

Gotthold Ephraim Lessing

5. Die FÜNFTE Stufe: Arbeiten Sie mit Zielen und Kennzahlen

Hat Ihr Unternehmen die 4. Stufe erklommen, werden die Mitarbeiter idealerweise mitdenken und eigenverantwortlich Optimierungsmöglichkeiten nutzen. Der Prozess der permanenten Verbesserungen ist implementiert und funktioniert. Die Mitarbeiter gehen mit offenen Augen und Ohren durch das Unternehmen, spüren Ansätze für Verbesserungen auf und arbeiten daran, diese Verbesserungen auch umzusetzen. Allerdings kann es passieren, dass dies – von außen betrachtet – recht unkoordiniert geschieht, da die Anbindung an die Ziele fehlt, die für das Unternehmen entscheidend sind.

Permanente Verbesserungen

Daher geht es bei der 5. Stufe darum, Ziele zu definieren, die sich aus der strategischen Ausrichtung des Unternehmens ergeben. Das bedeutet: Büro-Kaizen wird auf der 5. Stufe mit dem Strategieprozess des Unternehmens verknüpft. Die Verbesserungen bekommen jetzt eine einheitliche Richtung. Die Mitarbeiter beginnen, an einem Strang zu ziehen – und das auch noch in die gleiche Richtung. Dies macht den besonderen Charme der 5. Stufe aus.

Verknüpfung mit dem Strategieprozess

Ziele geben Orientierung Man könnte sagen, Ziele sind die Strategien, die auf Abteilungen und einzelne Mitarbeiter heruntergebrochen wurden. An diesen Zielen können sich die Mitarbeiter orientieren.

Ziele sind oft unklar Ziele stellen sicher, dass die Kräfte auf den wirksamsten Punkt ausgerichtet werden und nicht jeder in eine andere Richtung läuft. Das mag banal klingen. Allerdings zeigt die Praxis, dass Mitarbeiter nur in wenigen Unternehmen präzise formulieren können, welche Ziele ihr Haus verfolgt.

Ziele am Arbeitsplatz aushängen Ziele sollten für alle Mitarbeiter zugänglich sein. Ideal ist es, wenn die Ziele am eigenen Arbeitsplatz ausgehängt werden. So werden die Mitarbeiter ständig daran erinnert, und die wichtigen Orientierungspunkte geraten im Trubel des Alltags nicht in Vergessenheit.

Der Aushang kann an der Zimmertür oder am Schrank erfolgen. Er sollte sich aber nicht im direkten Blickfeld der Mitarbeiter befinden, da dies zu einer ständigen Ablenkung führen würde. Es genügt, die Ziele einmal am Tag zu sehen.

Nicht im direkten Blickfeld

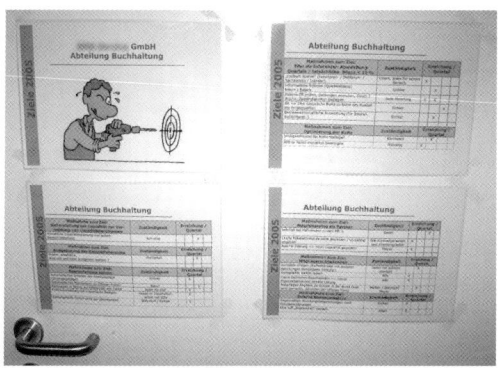

Service

Da das Thema Ziele mehr Raum verdient, bieten wir dazu ein eigenes Handbuch an. Jürgen Kurz: *Handbuch Zielvereinbarung. Ihr Weg zu Spitzenleistung und variabler Entlohnung.* Erhältlich bei www.tempus.de

Bei Zielen gilt der Grundsatz: „If you can't measure it, you can't manage it" (Was Sie nicht messen können, das können Sie auch nicht gestalten.) Eine Managerweisheit, deren Aussage in die gleiche Richtung geht, lautet: „Miss es oder vergiss es."

Wichtiger Grundsatz

Es kommt also darauf an, die Ziele *messbar* zu machen – und dies geschieht in Gestalt von Kennzahlen. Kennzahlen, die an die Ziele des Unternehmens gekoppelt sind, zeigen die Wirksamkeit von Maßnahmen auf und deren Abweichungen.

Ziele mit Kennzahlen messen

Wichtig ist, dass die Kennzahlen regelmäßig gemessen werden. Wie häufig dies geschehen sollte, lässt sich nicht verallgemeinernd sagen. Für Callcenter ist beispielsweise relevant, wie viele Anrufe pro Stunde bewältigt werden konnten. Bei anderen Kennzahlen – etwa dem Krankenstand eines Unternehmens – reicht normalerweise eine monatliche Erhebung aus.

Regelmäßig messen

Kennzahlen zugänglich machen …

Wichtig ist neben der regelmäßigen Erhebung auch, die Kennzahlen zugänglich zu machen und – wenn möglich – zu visualisieren, damit die Aussagen auf einen Blick erkennbar sind.

… und visualisieren

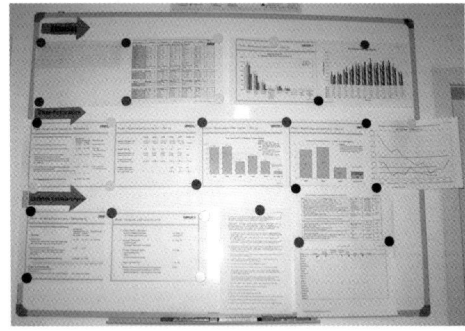

Mit eigenen Kennzahlen arbeiten

Es gibt viele mögliche Kennzahlen. Ich stelle Ihnen im Folgenden sechs vor, die häufig wichtig sind. Nutzen Sie diese, falls sie auch in Ihrem Fall von Bedeutung sind. Arbeiten Sie aber auch mit eigenen Kennzahlen. In jeder Organisation, in jedem Unternehmen sind – abhängig von den jeweiligen Strategien und den daraus abgeleiteten Zielen – andere Zahlen entscheidend. Bei dem einen Zeitschriftenverlag sind es beispielsweise eher die Werbeeinnahmen, bei einem anderen ist es eher die Zahl der Abonnenten, bei einem dritten sind beide Kennzahlen von Belang.

Die entscheidenden Kennzahlen nutzen

Wichtig ist beim Definieren der Kennzahlen nicht, mit möglichst *vielen* Kennzahlen zu arbeiten – wichtig ist, dass es die *entscheidenden* Kennzahlen sind und dass Sie die Kennzahlen im Alltag auch nutzen, indem Sie sie mit Ihren Kollegen gemeinsam im Auge behalten und ihre Entwicklung diskutieren.

Die 5. Stufe nehmen

5.1 Bearbeitungs-/Durchlaufzeit

Bei Studien, in denen der Quotient aus Bearbeitungs- und Durch- **Ungünstiges**
laufzeit ermittelt wurde, ergab sich vielfach, dass ein Papier bzw. **Verhältnis**
ein Vorgang 95 Prozent der gesamten Zeit auf die Weiterbear-
beitung wartet. Viele Ursachen für dieses ungünstige Verhältnis
können durch die in diesem Buch beschriebenen Verbesserungen
abgestellt werden.

So gehen Sie vor

Messen Sie einerseits, wie lange ein Vorgang tatsächlich bearbei- **Zahlen ins Verhältnis**
tet wird *(Bearbeitungszeit),* und andererseits, wie viel Zeit vom **setzen**
Prozessstart bis zum Prozessende vergeht *(Durchlaufzeit).* Setzen
Sie beide Zahlen ins Verhältnis. Sie können die Zeiten ermitteln,
indem Sie etwa auf Projektmappen mit einem Datumsstempel
den Eingang und Ausgang der jeweiligen Mappe festhalten sowie die Bearbeitungszeit notieren und zum Schluss des Prozesses
addieren.

Darauf kommt es an

Erheben Sie auch die minimale, mittlere und maximale Bearbei- **Schwankungen**
tungs- sowie Durchlaufzeit. Je unterschiedlicher die gewonnenen **deuten**
Daten für die *Durchlaufzeit* sind, desto unausgeglichener ist der
Prozess, was auf einen erhöhten Handlungsbedarf hinweist.
Schwankungen bei der *Bearbeitungszeit* weisen auf die Notwen-
digkeit hin, die Standardisierung der Prozesse voranzutreiben.

Was die Kennzahl bewirkt

Sie erkennen den Anteil der wertschöpfenden Zeit im Prozess **Verbesserungs-**
und damit das Verbesserungspotenzial. **potenzial erkennen**

Zeitliche Wirkung von Verbesserungsbemühungen

Die Wirkung stellt sich schnell ein.

5.2 Termintreue

Planmäßige Prozesse

Nur wenn Termine in jedem Prozessschritt strikt eingehalten werden, können die nachgelagerten Teilprozesse planmäßig ablaufen. Die Termintreue ist somit eine wichtige Kennzahl für eine verlässliche Prozesssteuerung. Die Termintreue ist meist sogar wichtiger als die Durchlaufzeit, da lange Durchlaufzeiten so lange kein K.O.-Kriterium darstellen, wie die mit den Kunden vereinbarten Termine eingehalten werden können.

So gehen Sie vor

Termine vereinbaren

Um Termine einhalten zu können, müssen Sie zunächst Termine vereinbaren. Dies gilt nicht nur für Mitarbeiter mit direktem Endkundenkontakt, sondern für alle Mitarbeiter, die einen nachgelagerten Prozess mit Informationen, Dienstleistungen oder Produkten (Daten) beliefern. Erheben Sie den Anteil der Terminvorgaben, die tatsächlich eingehalten werden.

Darauf kommt es an

Schätzen reicht nicht aus

Verschaffen Sie sich tatsächlich durch das *Messen* Klarheit über die bei Ihnen herrschenden Verhältnisse. *Schätzen* reicht nicht aus, denn erstaunlicherweise sind viele Unternehmen der Ansicht, eine hohe Termintreue zu haben, während gleichzeitig die Zuarbeit von Kollegen und Wartezeiten in der Praxis als sehr großes Problem gesehen werden. Die Termintreue ist also eine Herausforderung, deren Ausmaß häufig unterschätzt wird.

Was die Kennzahl bewirkt

Wirkung auf Zeit- und Qualitätsziele

Mit der Erhebung dieser Kennzahl ist eine kunden- und prozessorientierte Grundhaltung verbunden, die dabei hilft, zeitliche und qualitative Ziele einzuhalten sowie Schwachstellen in diesen Bereichen aufzudecken.

Zeitliche Wirkung von Verbesserungsbemühungen

Die Wirkung stellt sich schnell ein.

5.3 Reklamationsquote

Werden Fehler weitergegeben, wirken sich diese nachteilig auf nachfolgende Prozessschritte aus. Während Fehler etwa in der Automobilindustrie in Parts per Million (Zahl der fehlerhaften Teile pro einer Million Teile) gemessen werden und die besten Firmen hierbei einstellige Zahlen erreichen, sind die Verwaltungen der meisten Unternehmen von einer Null-Fehler-Produktion noch weit entfernt.

Nachteilige Wirkung auf den Prozess

So gehen Sie vor

Im Kaizen-Denken wird nicht nur der Konsument als Endabnehmer als Kunde betrachtet, sondern auch jeder nachgelagerte innerbetriebliche Bereich. Eine niedrige Reklamationsquote ist daher für einen jeden Mitarbeiter anzustreben. Gemessen werden kann beispielsweise die Zahl der notwendigen Rückfragen oder der Anteil fehlerhafter bzw. unvollständiger Informationen.

Beispiel: Zahl notwendiger Rückfragen

Darauf kommt es an

Jeder Mitarbeiter hat im Sinne der internen Kunden-Lieferanten-Beziehung die Pflicht, qualitäts-, mengen- und termingerecht zu liefern. Er hat aber auch das Recht, fehlerhafte Lieferungen interner Lieferanten zurückzuweisen. Nutzen Sie den Fehler als Chance, um zu lernen. Gehen Sie auf Ihren Lieferanten zu und überlegen Sie gemeinsam, wie das Problem künftig vermieden werden kann.

Pflicht und Recht

Was die Kennzahl bewirkt

- Durch das Erheben der Reklamationsquote wird erreicht, dass die Mitarbeiter den Gesamtprozess besser kennen und schätzen lernen. Zudem trägt der konstruktive Umgang mit dieser Kennzahl dazu bei, Bereichsegoismen abzubauen.

Abbau von Bereichsegoismen

- Diese Kennzahl ist ein guter Gradmesser für die Qualität der Prozesse und der geleisteten Arbeit. Sie gibt Aufschluss darüber, wieviel Nacharbeit und Doppelarbeit notwendig sind, ohne dass dabei ein Mehrwert für den Kunden entsteht.

Gradmesser für Qualität

Zeitliche Wirkung von Verbesserungsbemühungen

Die Wirkung stellt sich mittelfristig ein.

5.4 Kostenanteil der Verwaltung

Kosten werden oft hingenommen

In der Produktion ist es häufig üblich, jeden Prozessschritt und jeden Materialbestandteil zu untersuchen und zu kalkulieren – sogar oft centgenau. Dagegen werden die von der Verwaltung verursachten Kosten oft einfach hingenommen und nicht in Bezug zur Gesamtleistung des Unternehmens gesetzt.

So gehen Sie vor

Individuellen Weg finden

Ermitteln Sie, welche Kosten in der Verwaltung verursacht werden und in welchem Verhältnis sie zur Gesamtleistung des Unternehmens stehen. Wie Sie den Kostenanteil der Verwaltung bestimmen, müssen Sie mit Blick auf die spezifische Situation in Ihrem Unternehmen festlegen. Hier sind verschiedene Ansätze denkbar. Sie können etwa aus der Kostenrechnung die entsprechenden Beträge der Kontenklasse 4 (Bürokosten etc.) ins Verhältnis zum Rohgewinn setzen. Bei Steuerberatern und Unternehmensberatern kann es sinnvoll sein, den Umsatz pro Mitarbeiter zu beobachten.

Darauf kommt es an

Geduld haben

Haben Sie Geduld. Bis sich die Kennzahl positiv verändert, können Jahre vergehen. Das hängt damit zusammen, dass es auch Jahre dauert, bis Ihr Unternehmen alle fünf Stufen genommen hat, die in diesem Buch beschrieben werden. Wenn es Ihnen allerdings gelingt, die Produktivität der Verwaltungsmitarbeiter zu messen, werden Sie schon früher Auswirkungen spüren.

Was die Kennzahl bewirkt

Finanzielle Auswirkungen

Ist der Kostenanteil der Verwaltung an der Gesamtleistung des Untenehmens bekannt, wird auch sichtbar, wie sich Verbesserungsbemühungen finanziell auswirken.

Zeitliche Wirkung von Verbesserungsbemühungen
Die Wirkung stellt sich langfristig ein.

5.5 Verbesserungsvorschläge pro Mitarbeiter und Jahr

Wird die Zahl der Verbesserungsvorschläge nicht erfasst und kommuniziert, kann sich kein sportlicher Ehrgeiz einstellen.

Kein Ehrgeiz

So gehen Sie vor

Ermitteln und visualisieren Sie die durchschnittliche Zahl der Verbesserungsvorschläge pro Mitarbeiter und Jahr.

Darauf kommt es an

- Berücksichtigen Sie nicht nur jene Vorschläge, die tatsächlich umgesetzt wurden, sondern alle eingereichten Ideen.
- Haben Sie Geduld, vor allem am Anfang. Im Laufe der Jahre werden sich Zahl und Qualität der Vorschläge steigern.
- Vergleichen Sie Ihre Zahlen mit denen anderer Unternehmen. In einem Durchschnittsunternehmen werden jährlich 0,6 Verbesserungsvorschläge pro Mitarbeiter eingereicht. Den Weltrekord hält der japanische Automobilhersteller Toyota mit über 60 Vorschlägen pro Mitarbeiter und Jahr.

Vergleich mit anderen

Was die Kennzahl bewirkt

- Die Absicht des Vorschlagswesens ist es, jeden Mitarbeiter aktiv in die Gestaltung von Unternehmensprozessen einzubinden und die Ideen zu nutzen.
- Da die Mitarbeiter über verschiedene Themen nachdenken – etwa die Verbesserung administrativer Tätigkeiten und der Kundenbeziehungen oder über die Einsparung von Ressourcen wie Material und Energie – werden sowohl Kostensenkungen als auch Qualitäts- und Lieferverbesserungen erreicht.
- Mit dieser Kennzahl können Sie sehen, wie gut Sie bereits auf der 4. Stufe angekommen sind.

Jeden einbinden

Bezug zur 4. Stufe

Zeitliche Wirkung von Verbesserungsbemühungen

Die Wirkung stellt sich mittelfristig ein.

5.6 Mitarbeiterzufriedenheit

Unzufriedene Mitarbeiter

Die Unzufriedenheit von Mitarbeitern wirkt sich häufig negativ auf ihre Leistungen aus. Zudem beeinflussen unzufriedene Mitarbeiter andere in einer Weise, die dem Unternehmen schadet. Scheiden sie aus, geht Know-how verloren. Es ist sinnvoll, die Mitarbeiterzufriedenheit zu kennen und zu verbessern.

So gehen Sie vor

Fragebogen nutzen

Erheben Sie in regelmäßigen Abständen – beispielsweise jährlich – die Zufriedenheit der Mitarbeiter mittels eines Fragebogens.

Darauf kommt es an

Exakt definieren

■ Es ist wichtig, die Mitarbeiterzufriedenheit anhand mittels verschiedener Kriterien zu messen (Bewertung des Arbeitsumfeldes, des Betriebsklimas, der Entlohnung etc. durch die Mitarbeiter). Es können auch Indikatoren wie etwa Fehlzeiten und die Fluktuationsrate in die Kennzahl einfließen.

Anonym und extern

■ Um eine ehrliche Standortbestimmung zu bekommen, sollte die Erhebung anonymisiert erfolgen und von Externen durchgeführt werden.

■ Verwenden Sie stets den gleichen Fragebogen, um die Ergebnisse über den Zeitverlauf vergleichen zu können.

Zeitliche Wirkung von Verbesserungsbemühungen

Langfristige Wirkung

Die Wirkung stellt sich langfristig ein.

Service

■ Viele praxiserprobte Tipps zur Erhöhung der Mitarbeiterzufriedenheit finden Sie im von Jörg Knoblauch und mir verfassten Buch *Die besten Mitarbeiter finden und halten.* 2. Aufl. Frankfurt/Main: Campus Verlag 2009.

■ tempus-Consulting führt regelmäßig Befragungen zur Mitarbeiterzufriedenheit durch.

5.7 So gelingt die Umsetzung

Auf der 5. Stufe können Sie nur dann etwas wirksam verändern, wenn Sie Führungsverantwortung haben. Auch die Geschäftsleitung muss spätestens jetzt ins Spiel kommen, denn jetzt erfolgt die Verknüpfung der Optimierungsbemühungen der Mitarbeiter mit den strategischen Überlegungen der Unternehmensleitung.

**Entscheidend:
Führungsverantwortung**

Setzen Sie sich gemeinsam mit den langfristigen Zielen des Unternehmens auseinander und fragen Sie: In welchen Bereichen wollen oder müssen wir besser werden? Ausgehend von der Antwort auf diese Frage definieren Sie Kennzahlen, die Sie an zentralen Stellen im Unternehmen visualisieren. Die Mitarbeiter können dann besser für sich beurteilen, welche Verbesserungsbemühungen sinnvoll sind.

Wo besser werden?

Überprüfen Sie sich selbst

Sind Sie sich über die strategische Ausrichtung des Unternehmens im Klaren? □ Ja □ Nein

Haben Sie aus den Strategien Ziele abgeleitet? □ Ja □ Nein

Haben Sie die Ziele auf die Abteilungen bis hin zu einzelnen Mitarbeitern heruntergebrochen? □ Ja □ Nein

Werden die Ziele am Arbeitsplatz ausgehängt? □ Ja □ Nein

Haben Sie Kennzahlen definiert, die an diese Ziele gekoppelt sind? □ Ja □ Nein

Werden diese Kennzahlen regelmäßig gemessen? □ Ja □ Nein

Werden die Messergebnisse visualisiert und zu den Zielwerten in Bezug gesetzt? □ Ja □ Nein

Werden diese visualisierten Kennzahlen ausgehängt? □ Ja □ Nein

Stichwortverzeichnis

Tipps zum Weiterlesen

Jörg Knoblauch: *Die TEMP-Methode® – Das Konzept für Ihren unternehmerischen Erfolg.* Frankfurt/Main: Campus Verlag 2009.

Jörg Knoblauch: *www.ziele.de – Wie Sie Schritt für Schritt Ihre Ziele erreichen.* 2. Auflage. Offenbach: GABAL Verlag 2007.

Jörg Knoblauch und Jürgen Kurz: *Die besten Mitarbeiter finden und halten.* 2. Auflage. Frankfurt/Main: Campus Verlag 2009.

Jürgen Kurz: *Handbuch Zielvereinbarung. Ihr Weg zu Spitzenleistung und variabler Entlohnung.* Giengen: tempus. Erhältlich über www.tempus.de

Jürgen Kurz: *Der Praktiker-Leitfaden. 20 Prozent mehr Effizienz mit Büro-Kaizen.* Giengen/Gummersbach: tempus/Verlag Frank-Michael Rommert 2010. Weitere Informationen: www.für-immer-aufgeräumt.de

Werner Tiki Küstenmacher und Lothar J. Seiwert: *simplify your life. Einfacher und glücklicher leben.* 15. Auflage. Frankfurt/Main: Campus Verlag 2004.

Marion Küstenmacher und Werner Tiki Küstenmacher: *simplify your life – Den Arbeitsalltag gelassen meistern.* Frankfurt/Main: Campus Verlag 2006.

Marco von Münchhausen und Hermann Scherer: *Die kleinen Saboteure. So managen Sie die inneren Schweinehunde im Unternehmen.* München: Piper Verlag 2005.

Lothar Seiwert: *Die Bären-Strategie. In der Ruhe liegt die Kraft.* Heyne Verlag 2007.

Lothar Seiwert: *Noch mehr Zeit für das Wesentliche. Zeitmanagement neu entdecken.* Ariston Verlag 2006.

Danke!

Es steht zwar mein Name auf dem Umschlag, zur Verwirklichung dieses Buches haben jedoch viele Menschen beigetragen. Daher möchte ich aus ganzem Herzen Danke sagen:

- *meinen Kunden:* Danke für die Tipps, die in vielen Projekten entstanden sind. Ohne Ihre Bereitschaft, neue Ideen zu testen, wären viele Verbesserungen nie realisiert worden.
- *Prof. Dr. Jörg Knoblauch:* Danke für die Ermutigung, das Buch zu schreiben. Du bist mir Förderer und Ideengeber zugleich.
- *Frank-Michael Rommert:* Danke für Ihre Führung. Ihre Professionalität, Kreativität und Ausdauer sind unglaublich.
- *Almut Wiedenmann:* Danke für deine Inspiration und Flexibilität. Du verlierst Deinen Humor wirklich nie!
- *Traudel Knoblauch:* Danke für Ihre Geduld beim Korrekturlesen. Ihre Gründlichkeit ist phänomenal.
- *Meinem Team:* Danke für eure Organisation im Hintergrund. Ihr habt dieses Projekt stets mit Rat und Tat mitgetragen.
- *Tiki Küstenmacher:* Danke für Ihre lebendige Illustrierung und Ihr Vorwort. Sie sind simply the best!
- *Martin Zehnder:* Danke für Deine Unterstützung. Du bist mir ein guter Freund und Mentor!
- *Ihnen:* Danke für den Kauf des Buches. Ohne Ihr Interesse würde dieses Buch in den Bücherregalen verstauben.

Liebe Leserinnen und Leser,
Sie sind die Experten an Ihrem Arbeitsplatz. Es ist schön, wenn Sie Ihr Wissen mit anderen teilen. Senden Sie mir bitte Ihre Verbesserungsanregungen. Im monatlich erscheinenden Newsletter „Für immer aufgeräumt" werde ich diese an andere Mitstreiter unter Nennung Ihres Namens weitergeben. Sie können meinen Newsletter abonnieren unter www.für-immer-aufgeräumt.de. Gerne können Sie mich auch anrufen: (0 73 22) 950-122.

Mit *aufgeräumten* Grüßen :-)
Jürgen Kurz (j.kurz@tempus.de)

Hat Sie der Inhalt dieses Buches angesprochen?
Wollen Sie Jürgen Kurz live erleben?

Dann besuchen Sie sein Intensivseminar:

Finalist beim
Internationalen
Deutschen
Trainings-Preis
2006

BDVT

Für immer aufgeräumt
20 % mehr Effizienz mit Büro-Kaizen

Intensivseminare mit Jürgen Kurz

2013

Do.	10.01.2013	Giengen bei Ulm
Mi.	13.03.2013	Giengen bei Ulm
Fr.	19.04.2013	Giengen bei Ulm
Di.	18.06.2013	Giengen bei Ulm
Di.	10.09.2013	Frankfurt
Do.	17.10.2013	Giengen bei Ulm
Di.	10.12.2013	Giengen bei Ulm

Jeweils von 9.00 Uhr bis 17.00 Uhr
Kosten: 499,– Euro zzgl. MwSt.

Auch als firmeninternes Seminar buchbar!

Jeder Teilnehmer erhält:

- Umfangreiche Seminarunterlagen
- Tagungsgetränke, Pausenverpflegung, Mittagessen
- Zertifikat

Weitere Termine finden Sie hier:
**www.fuer-immer-aufgeraeumt.de/kurz-gekauft/
das-intensivseminar.html**

Vertiefung:
Das Büro-Kaizen® Profi-Programm

Das Büro-Kaizen®
Profi-Programm
NEU: Mit Community

Der digitale Jahreskurs für mehr Büroeffizienz:

- **Büro-Kaizen® Trainingskurs** mit 52 erprobten Trainingseinheiten (eine pro Woche)
- **Austausch mit anderen Anwendern** über ein moderiertes Forum
- **persönliche schriftliche Antworten** von Jürgen Kurz und seinem Team auf Ihre individuellen Fragen
- **Experten-Sessions (live) mit Jürgen Kurz** am Telefon bzw. am Computer
- **Rückruf-Service** für Ihre technischen und inhaltlichen Fragen
- **Vollmitgliedschaft für 12 Monate** in der Büro-Kaizen®-Community von Jürgen Kurz

Weitere Infos:
www.für-immer-aufgeräumt.de/Profi-Programm

**Besuchen Sie uns im Internet unter
www.für-immer-aufgeräumt.de und**
- profitieren Sie von den Gratis-Downloads
- erfahren Sie mehr über Büro-Kaizen-Trainer Jürgen Kurz im Filmbeitrag „Ein Mann räumt auf"
- profitieren Sie vom monatlichen Gratis-Newsletter „Für immer aufgeräumt"

**Nähere Informationen erhalten Sie bei:
tempus GmbH**
Jürgen Kurz
Wiesenstraße 7
89537 Giengen

Tel. 07322 950-122
j.kurz@tempus.de